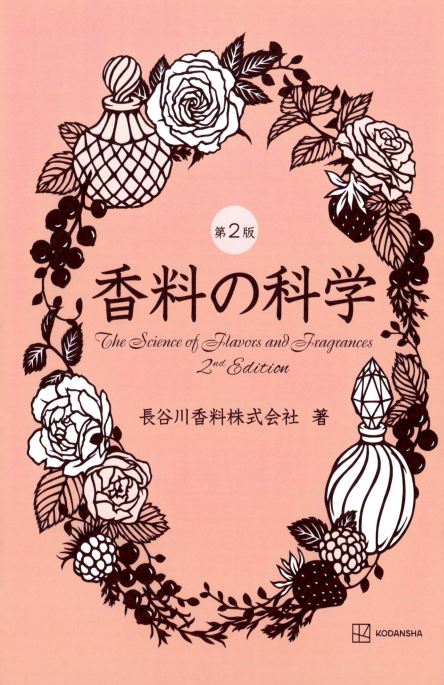

はじめに

　本書は2013年3月に出版され，増刷を重ねてきた『香料の科学』の改訂版になります。この10年あまり，香料に関する法規の改正や香料化合物の呼称の変更など香料をとりまく部分でさまざまな変化がありました。今回，初版から10年が経過し，内容について今一度振り返り，古くなっている情報は新しい情報へと更新し，さらに新たに得られた知見なども加えて新しい版をお届けすることといたしました。

　いちばん身近で不思議なことは何でしょうか。それは「におうこと」だと思いませんか。人は五感（視覚，聴覚，体性感覚，味覚，嗅覚）のひとつである嗅覚を使い，「におい」を通して，おいしい・心地よい・危ないなどの情報を得ています。行動に際しては，視覚情報を判断材料とすることが多いといわれているなかで，見えなくても感じる「におい」もさまざまな場面で情報として重要なはたらきをします。しかも「におい」は記憶と結びつき，心を大きく揺さぶりもします。しかし，これほど利用されているにもかかわらず，香料に対する認知度は低いものではないでしょうか。そこで，一人でも多くの方に香料を科学的に理解してほしいとの願いを込め，本書をまとめることにしました。香料に興味のある方や実際に使用している方，香料業界をめざしている方に読みやすいような構成を心がけたつもりです。

　本書が香料への親しみを深めていただく一助となることを願ってやみません。

2024年9月

長谷川香料株式会社
香料の科学 第2版　制作実行委員一同

本書をお読みになる前に

ようこそ,『香料の科学』へ

本書は,次世代の研究者や利用者が「香料を科学の目をとおして知る1冊目の本」として利用できるように「わかりやすい」ことを編集の基本方針としています。そのため,においに関する表現や化合物の表記などは以下のような基準を設けました。また本題である第1章〜第6章のほかに序章でフレーバーとフレグランスの違いや調香師について解説し,付録には用語解説,年表—においの文化・科学史—をまとめました。

本書が多くの読者を得て,人々の生活に寄り添っている香料の有用性や安全性について理解を促進し,人類の豊かな生活にもっと貢献する香料が開発されていくことを願っています。

本書の表記基準

〈におい〉

香,香り,香しい,香気,におい,匂い,薫る,芳しい,芳香,馥郁,臭い,臭気など,日本語には,においに関する表現がたくさんある。そして,そのにおいが,感覚的によいものか,不快なものかには個人差があり,画一的に表現することが難しい。

そのため本書では,におう物質のすべてを「におい」と表記した。

しかし,香料の世界は奥が深く,においという言葉だけでは表現できないことや,ニュアンスを上手に伝えられないような場合もある。そのような場合,特に意味を狭めて用いるとき,例えば花の香りや香水の香りのような,多くのにおい成分が組み合わされて大多数の人がよいにおいと感じるものや,一般的に「香り」と表現されてきた経緯のある場合には,これを「香り」と表記した。

〈香料〉

　香料は，食品用香料，香粧品用香料，飼料用香料，工業用香料がある。本書では，食品用香料を「フレーバー」，香粧品用香料を「フレグランス」と表記した。

　なお，日本における食品用香料の定義は「食品の製造又は加工の過程で，香気を付与又は増強するために添加される添加物及びその製剤」（平成27年3月30日　消食表第139号　消費者庁次長通知　別添加物1-4　各一括名の定義及びその添加物の範囲7香料）とされている。これに対し，欧米の諸外国で食品用香料の意味で使用されるフレーバリングは，香気以外に呈味成分を含んでおり定義が異なる。そのため，本書では，「フレーバー」は，日本における定義に従って用い，味や食感などを含めた表現には，風味，香味などの言葉を用いた。また，本来「フレグランス」という言葉は香水やオーデコロンを指す言葉であるが，本書では，香水や化粧品，日用品一般に使用される香料を「フレグランス」と表記した。

〈化合物〉

　名称については，IUPAC有機化学命名法（2013年勧告）に従い表記することを基本としたが，香料化合物として一般的な表現になっている慣用名や商品名は，そのまま表記した。

　また，必要に応じて化合物の構造式を取り上げている。有機化学分野において，炭素原子を表すCは省略し，炭素原子に結合した水素原子はその結合ごと省略する方式の構造式を使用した。

省略した形式の構造式の例

〈人物名〉

　すべて敬称を略している。

目次

はじめに ... 3

本書をお読みになる前に ... 4

序章　香料を学ぶ前に ... 8

1章　香料の科学史 ... 11
1.1　歴史と文化 ... 11
1.2　フレーバーの歴史と文化 ... 21
1.3　においの感知機構解明の歴史 ... 27

2章　においとは何か ... 29
2.1　においの役割 ... 29
2.2　においと物質の構造 ... 30

3章　香料 ... 45
3.1　香料とは ... 45
3.2　天然香料 ... 47
3.3　合成香料 ... 53
3.4　フレーバー ... 60
3.5　フレグランス ... 123

4章　香料開発を支える基礎技術 ... 141
4.1　におい分析 ... 141
4.2　香料の有機合成 ... 159
4.3　香料の抽出 ... 165
4.4　加熱調理フレーバー ... 177
4.5　バイオテクノロジーの応用 ... 184
4.6　乳化・粉末化の技術 ... 194

5章　においのバイオサイエンス　203

5.1　においの役割　203

5.2　においの感知機構　210

6章　安心と安全のために　217

6.1　食品香料関連の法規　217

6.2　食品香料の安全性評価　220

6.3　香粧品香料関連の法規と安全性　225

6.4　安全性確保への取り組み　226

図版・写真出典一覧　228

参考文献　230

付録　用語解説　232

　　　年表—においの文化・科学史—　235

おわりに　241

索引　242

本文デザイン　片柳綾子・今田 毅（DNPメディア・アート）
図版イラスト　おのみさ

序章
香料を学ぶ前に

　私たちは普段どのような場面で「におい」や「香り」を意識するだろうか。

　朝，目覚めてからの行動を思い起こしてみよう。人によってその感じ方は異なると思うが，ミントの香る歯磨きでスッキリしたり，好きなコーヒーの香りで目覚めたり，味噌汁や炊きたてのご飯のにおいに満ち足りた気分になったり，通勤通学の途中で蕎麦屋から漂うつゆのにおいに空腹を刺激されたり，人とすれ違った際にシャンプーや香水の香りを感じたりといった経験はないだろうか。

　このように現代社会に生きる私たちは多くの「におい」や「香り」に囲まれている。

　身だしなみやおしゃれのために香水や化粧品，シャンプーなどを使用し，食欲を満たすためにバラエティー豊かな飲料，菓子，即席麺などを購入することは生活の一部となっている。これらの商品の原材料表示を見ると，そのほとんどすべてに「香料」の文字が記されている。

　あまり知られていないことだが，こうしてあらためて意識してみると，思いのほか「香料」が日常生活に密接にかかわる身近な存在であることに気付いていただけただろう。

　それでは「香料」とは何かを順を追って紐解いていこう。

フレーバーとフレグランス

　フレーバーとフレグランスは，私たちがスーパーマーケットなどで購入する商品の原料のひとつとして使用されている。フレーバーは，加工食品の製造工程などで失われた香りを補うなど，食品が本来もっている香りを再現・補強することが主な使用目的となる。また，フレグランスは，香水や化粧品，トイレタリー製品（シャンプーや石けんなど），ハウスホールド製品（衣類用洗剤・柔軟剤，台所用洗剤など），

芳香剤などの日用品に，その商品をイメージする香りを添える目的で使われている。

　フレーバー，フレグランスともに，そのほとんどが天然香料（動植物から抽出・蒸留することにより得られる）と合成香料（有機合成化学によって得られる）を混合した調合香料である。例えば「天然のリンゴのにおい」は100種類以上のにおい物質が揮発した混合気体であって，単一のにおい物質で成り立っているわけではない。そのため，フレーバーでリンゴのにおいを再現するには，多くのにおい物質のバランスを整えながら混合する必要がある。この調合香料を創り上げる職業を調香師と呼び，加工食品に利用するフレーバーを創る調香師をフレーバリスト，香水やシャンプーなどの日用品に使用するフレグランスを創る調香師をパフューマーと呼ぶ。

フレーバリストとパフューマー

　フレーバリストは実際に存在する果実や料理などのにおいを忠実に再現することを求められることが多く，パフューマーは感性に訴える抽象的なイメージをにおいで表現することが求められるという違いがあるものの，両者ともに，天然香料や

調香師

合成香料の製法，におい，特性を理解し，持続性や残香性を記憶しなくては仕事にならない。フレーバリストにおいては口に含んだ際の風味の特徴も記憶する。さらに，調香師はこれらの記憶に加えて，においを表現する能力，想像力，忍耐力，感性に基づいた調香技術を駆使して世界で唯一の香りを創り上げていく。そのため一般的に，一人前のフレーバリスト，パフューマーになるためには通常5～10年ほど

の経験を要するといわれている。

　では，フレーバリスト，パフューマーが創る香料は，一般消費者が店頭で購入する商品中にどの程度使用されているのであろうか。賦香率（香料を添加すること。その添加率）の高いものとしてはオード・パルファムで約20％，賦香率の少ない飲料においては0.1％程度である。つまり，飲料の場合，わずか1kgの香料から1tもの商品ができるという計算になる。

```
●名称：清涼飲料水
●原材料名：糖類（果糖ぶどう糖液糖）／酸味料，ビタミンC，
　　　　　　カロテン色素，香料，甘味料（スクラロース）
●内容量：500ml
●賞味期限：キャップに記載
●保存方法：直射日光を避けて保存して下さい
●販売者：○△飲料株式会社
　　　　　東京都××区□□町
```

清涼飲料水（無果汁）の原材料表示例

　上記に清涼飲料水（無果汁）の原材料表示例を示すが，実際の商品も見てほしい。使用量の多い順（食品表示法による表記順）に，食品と添加物を分けて重量順に記載し，糖類，酸味料，着色料，香料…とある。糖類と甘味料，酸味料の量比が味を決め，着色料が見た目の印象を決めている。においに関する原料は香料以外には見当たらない。私たちは食品の風味を味覚と嗅覚と体性感覚によってつながった感覚として判断しているため，飲料にも「におい＝香料」がなければ，何を口にしているかわかりづらくなる。このように消費者が購入する商品ひとつひとつに含まれる香料は少量であるが，幅広い用途で重要な役割を果たしているのである。そして，生物・生命科学，化学・物質工学などの知見と技術により得られた天然香料と合成香料は，豊かな想像力と芸術的な感性をもつフレーバリストやパフューマーらの調香技術により，オリジナルの香りとなる。つまり香料は，進歩を続ける科学技術と芸術的感性の融合による産物といえるだろう。

第1章
香料の科学史

1.1 歴史と文化

　人類は，有史以前から香料の有用性や効能，価値を認め，利用しはじめたと考えられる。そして，科学技術の発展に伴い，においが化学物質であることを知り，香料産業は急速な発展を遂げた。今や香料は，香水や化粧品，日用品，加工食品まで，多くの商品に利用され，私たちにとって大変身近な存在となっている。そこで本章では，まず香料の発見と活用の経緯，その歴史をたどってみよう。

　ヒト（*Homo sapiens*）は，二足歩行，大きな脳，複雑な道具の使用など，他の類人猿とは異なった進化の過程を歩み出した。そして火を使用するようになると，よりよく燃えるもの，よりよいにおいを発して燃えるものを求めるようになった。古代の人々は，煙とともに立ちのぼり，目には見えないが確かにそこにある香りに神秘的なものを感じたのだろう。香りのある樹木や樹脂を燃やして死者を埋葬したり，その煙と香りを神々に捧げて疫病や悪魔払いなどをする際に，さまざまな芳香物質（香りを発する物質）を用いたと考えられる。香料の歴史はこうした焚香（香りを焚くこと）にはじまると推察され，香料や香水を意味する英語のperfumeは，ラテン語の"per fumum"（through smoke＝煙を通して）が語源といわれている。

1. 西洋の香料の歴史と文化

　香料が初めて歴史に登場するのは紀元前3000年頃のメソポタミア文明で，当時繁栄していたシュメール人が香料としてレバノンセダー（マツ科ヒマラヤスギ属/高木）を神に捧げていたとされる。没薬（カンラン科コンミフォラ属（*Commiphora myrrha*）樹木の樹脂・ミルラ），乳香（カンラン科ボスウェリア属（*Boswellia carterii*）

樹木の樹脂・オリバナム）など，樹木から分泌される樹脂を使用していたことが，バビロニアやアッシリアの楔形文字（くさび形文字）の粘土板に記されている。また，花やスパイスを用い，香りを油に移して香油をつくっていたと思われる土器も発掘されている。

古代エジプトでは，肉体が滅んだ後も霊魂は生きつづけると信じられ，ミイラづくりに防腐・防臭効果

ツタンカーメンに香油を塗る
アンケセナーメン

のある香料として没薬・肉桂（クスノキ科樹木の樹皮・シナモン）などが使用された。一説にはミイラの語源は没薬のミルラであるともいわれる。1922年に発見されたツタンカーメン王墓からは，有名な黄金のマスクや黄金の人形棺のほかに，アラバスター（大理石の一種，雪花石膏）製の香油壺が発掘され，その中身は3000年以上の時を越えて，ほのかに香りを立てたといわれる。上流階級の古代エジプト人は，身体には香を焚き，女性は香料入りの水で沐浴し，男性も香膏（香りのある軟膏）を身体に塗るなどして使用するようになった。なかでも有名なのはキフィ（kiphi）と呼ばれた今でいう調合香料である。クレオパトラ7世の時代には，古代エジプトでの香料文化が全盛期を迎える。香料を溺愛した女王は船の帆に香料をたっぷりと染み込ませていたため，離れた川の下流からでも女王の来訪がわかったとい

没薬

乳香

肉桂

う逸話も残されている。ローマ皇帝カエサルや武将アントニウスが女王に魅了されたというのも、その美しさに感動してか、圧倒的な芳しい香りに惑わされてのことかは謎である。

古代ギリシャ人はエジプトの習慣を受け継ぎ、香料の調合・製造・使用の技術を大いに発展させていった。マケドニアのアレクサンドロス3世は、アラビアの香料を調査するとともに、遠くインドまで東征した結果、多くのギリシャ商人がギリシャとオリエントの間で通商を行うようになった。王の家庭教師だったアリストテレスの弟子テオスプラトスは、「植物学の祖」「生薬学の父」と呼ばれ、香りをつけるための種々のオイルの特性やハーブ類の利用法、心身の健康によい影響を及ぼす香料の種類などについて書を残した。

古代ローマでは、エジプトやギリシャにもまして、香料が香膏、香油、あるいは固形・粉末香料として盛んに使用された。皇帝ネロが催した宴会では、大量のバラに埋もれて窒息死した客がいたとも伝えられている。この頃の香料や薬の製法が『博物誌』(プリニウス) や『薬物誌 (マテリア・メディカ)』(ディオスコリデス) に記されている。ローマ人が主に用いていた香料はバラ、スイセン、マルメロ (西洋カリン) といった単一植物のにおいの香膏であったが、ユリ・ショウブ・肉桂・サフラン・没薬・ハチミツなどを混ぜた「スシノン (susinon)」と呼ばれる香膏も人気があった。また、ローマのカラカラ大浴場など各都市にあった浴場では、仕上げにウンクツアリウムと呼ばれる部屋

マルメロ

サフラン

第1章 香料の科学史

13

で，奴隷に香油や香膏を注がせ，マッサージをさせたという。古代ローマ帝国は，香料の大消費国となったが，帝国が滅亡すると香料の使用は激減してしまった。

このように10世紀以前の西洋において，においを発する植物の一部が宗教的に利用されはじめ，次第に身体につける用途へと，また貴族階級から庶民へと利用が広まっていった。

2. 東洋の香料の歴史と文化

エジプトから東方へ伝わった香料の文化をみていくと，インドのガンダーラ地方を経て仏教とともに中央アジア，中国，日本へと伝わってきたことがわかる。「ガンダ」という言葉はサンスクリット語でよい香りを意味するため，唐代の中国仏教学者はガンダーラ国を香遍国，香浄国などと訳し，よい香りに満ちた国であると解釈していた。

インドは白檀（ビャクダン科樹木），カッシア（マメ科低木），肉桂，パチュリ（シソ科低木），甘松香（オミナエシ科多年草）など香料原料が豊富で，古代から宗教儀式でさまざまなにおい物質が使用されていた。白檀は紀元前5世紀以前に書かれたバラモン教の聖典に登場し，ジャスミン（モクセイ科植物）は神聖な花と位置づけられ，インドの宗教儀式において重要な役割を果たしていたといわれる。

古代中国では香木，香草は香薬や香辛料として利用され，焚香料としての利用は仏教が伝播した後，南北朝時代（5

白檀

パチュリ

ジャコウジカ

麝香

世紀)頃からとみられる。麝香(ジャコウジカの生殖腺嚢)や沈香(ジンチョウゲ科の香木の一種)などの香料が線香や薫香として用いられはじめ、特に麝香はその香りが楽しまれたほか、さまざまな病気の薬として用いられた。中国の医学、薬学の元祖とされている伝説上の皇帝神農にまつわる『神農本草経』には、桂枝(肉桂の若枝)、人参(薬用人参)、麝香、その他の芳香性生薬が数多く収載されている。また、玄宗皇帝(8世紀)に寵愛された楊貴妃は、名品とされる竜脳(ボルネオ樟脳)を「匂い袋」に入れて肌身離さず持っていたという。国が乱れ、楊貴妃は殺されてしまうが、再び上皇の地位を得た玄宗が楊貴妃の改葬の際、馥郁たる香りが残っていた匂い袋に触れ、涙を流したという。

日本の香料の歴史は6世紀の仏教伝来とともにはじまる。『日本書紀』にある「推古天皇3年(595年)、淡路島に沈香木が漂着した。燃やすと、えも言われぬよい香りが漂い、驚いてこれを朝廷に献上した」という記載が最古の記録といわれる。また渡来した時代は定かではないが、東大寺正倉院には天下第一の名香といわれる「蘭奢待」が献納されている。その文字の中に「東・大・寺」が隠されていることから東大寺とも呼ばれ、足利義政、織田信長、明治天皇によって切り取られた証しの付箋がついている。

8世紀に渡来した鑑真は、仏典とともに数種の香薬を調合してつくる「薫物」を日本に伝えた。人々は調合された複雑な香りに魅せられ、急速に薫物を取り入れていった。平安時代の香りといえば薫物をさすようになり、紫式部の『源氏物語』には「沈香、白檀などを十二単衣に焚き込んで…」といった、奥ゆかしい薫香の世界が登場する。こうした平安時代の貴族の香遊びを源流とし、日本独自の芸道である香道が発展する。室町時代(15世紀)最高の文化人であった

蘭奢待(正倉院宝物)

第1章 香料の科学史

三条西実隆を開祖とする「御家流」，その門下の志野宗信を開祖とする「志野流」が成立し，現代ではこの二派が主流となっている。

3．香水の発明と発展

　香水を語るときに欠かせない人物として，アラビア人の偉大な哲学者で，医学者でもあったイブン・シーナー（アヴィセンナ（980〜1037年））が挙げられる。彼は『医学典範』や『治癒の書』を著して中世のヨーロッパに多大な影響を与え，水蒸気蒸留の技術を発明し，バラの花からローズウォーターをつくることに成功した。これは11世紀末からはじまった十字軍の遠征によってヨーロッパへもたらされ，香水への道を開いたとされる。

　アラビアの化学を学んだヨーロッパでは，13世紀までにエタノールの単離に成功したとみられ，14世紀の中頃には「ハンガリー水」と呼ばれる液体がヨーロッパ中で話題になった。これはハンガリー王妃が，御抱えの錬金術師につくらせたアルコールに香料を溶かした最初の香水で，主にローズマリー（シソ科常緑低木）の香りだったという。

　香料，そして香水の生産技術の急激な発展は，ルネサンス期（14世紀）のイタリアではじまる。記録には，栄華を誇ったメディチ家の御抱えの薬剤師らが，香料としてのハーブの栽培やブレンドの知識を深め，香水をベネチア・ガラス瓶に保管したとある。1533年にフランスのアンリ2世のもとに，イタリアのメディチ家から嫁いだカトリーヌ・ド・メディシスによってイタリアの進んだ文化や技術がフランスへ持ち込まれた。

　彼女が嫁ぐ際に通過した南仏アルプマルティム県グラースは，のちに香料産業の中心地となる。ここは，もともとなめし革産業が盛んで，自生していた

ローズマリー

グラースの街

オーク（樫）の樹皮やギンバイカ（フトモモ科低木）の葉の粉をなめし液の原料として使っていたため革には香りがついていた。彼女は，香料の原料となる植物が自生しているのを見てこの地が栽培に適していると見定め，従者を残して香料事業に携わらせたという。また，御抱え調香師がグラースの香料を使って香りつきの革手袋をつくりアンリ2世に贈ると，気に入った王は増産を命令し，宮廷中が王に倣ってたちまち大流行したという。香りとファッションの密接なつながりはここからはじまったといえよう。その後パリが世界的な流行の中心になると，グラースでは皮革製品の需要よりも香水，香料の需要が上回るまでになった。

そしてルイ14世（1638～1715年）の時代，宮廷では大いに香水が好まれ，ルイ15世（1710～1774年）の時代には，香料の使用はさらに流行し，宮殿内の住人は毎日違った香りを漂わせることが常識とされていたという。ルイ15世の愛妾ポンパドゥール夫人は特に香料に関心が高く，ビターオレンジの花から採れるネロリオイルの香りのついた手袋を流行らせるなど，夫人をはじめとする貴族の嗜好によって香料産業は発展したといわれる。

フランス宮廷の貴族文化は，ルイ16世（1754～1793年）の時代に絶頂を迎える。バラやスミレの香りを好んだといわれる王妃マリー・アントワネットは，宮殿の一角で多くの花々を栽培し，バラやスミレの華やかな香りでベルサイユ宮殿を満たし，「贅沢中の贅沢」といわれた古代ローマの香り風呂を復活させた。

ベルガモット

チュベローズ

18世紀に入ると、「アクア・アドミラビリス（すばらしい水）」と名付けられたオーデコロンがドイツのケルンで大流行する。ワインから得た純度の高いアルコールにオレンジの花やベルガモット、ラベンダー、ローズマリーの精油をブレンドしたもので、肌につけるだけではなく飲むこともできたという。ケルンでファリーナ家が売っていたのが起源であるが、1792年に生まれたミューレンスの4711がその流れを汲むものといわれている。

グラースではビターオレンジ、ローズ、バイオレット、ジョンキル（黄水仙）、チュベローズ（リュウゼツラン科多年草）などの栽培が行われるようになり、種々の抽出法により花の精油や香りのついた水が製造された。

18世紀後半にフランス革命が起こり、1804年にナポレオン・ボナパルトが皇帝に即位した。爽やかな柑橘系の香りを好んだナポレオンは数百の香油の瓶、オーデコロンの瓶、香料入り咳止め錠剤を携行するほど香料依存症であったといわれ、当時、胃腸薬として飲用にもなったオーデコロンを一日に何本も消費したという。対照的に、皇妃ジョゼフィーヌはムスク（麝香）などの濃艶なにおいを好んだといわれ、ナポレオンはこのにおいに大いに悩まされ、やがて二人の離婚へとつながったという話が残っている。

そして香料産業の近代化への第一歩となったのが1880年から1890年のアブソリュート（有機溶剤抽出後、溶剤留去した固形物からエタノール抽出したもの）の発明である。しかし、当時の調香師はアブソリュートにあまり興味を示さなかったといわれる。

18世紀には現在まで続くさまざまな香水メーカーが誕生した。

1770年にイギリスでヤードレーが設立され，1775年にパリで誕生したウビガンは，のちにフランスで一，二を争う香水メーカーへと発展した。ゲランは，イギリスで薬学と化学を学んだピエール＝フランソワ＝パスカル・ゲランが，パリで1828年に開いた小さなブティックがはじまりであり，1903年にはキャロンが，1904年にはコティが開業した。このように18世紀以降，香水の原型が出現して20世紀を迎える頃には，香水が庶民へ広まるまでになっていった。

4．合成香料の登場

18世紀以降，近代科学の一部門として確立しつつあった化学は，天然の物質がもつ秘密を次々と解明していく。1820年，ヴォーゲルによるクマリンの単離にはじまり，1834年にはデュマとペリゴによりシンナムアルデヒドが，1837年にベンズアルデヒド，1840年にボルネオール，1842年にアネトールが分離される。1858年に結晶として精製されたバニリンが1874年に，前出のクマリンは1868年に合成されていく。1906年ワールバームが麝香の成分であるムスコンを発見し，1934年にはルジチカ（ノーベル化学賞受賞者）によって合成された。

こうした合成香料の出現や新しい精油抽出法，新しい香料植物の発見，交通の発展による市場の拡大，ブルジョワジーの台頭などにより，19世紀後半から20世紀初頭にかけて香水産業は隆盛を極め，ベル・エポックと呼ばれる時代を築いた。

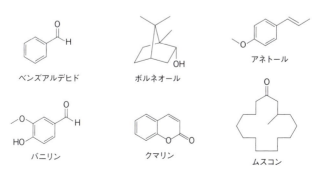

ベンズアルデヒド　　ボルネオール　　アネトール

バニリン　　クマリン　　ムスコン

例えば、合成香料のクマリンを使ったフゼア・ロワイヤル（ウビガン/1882年）、新しい溶剤抽出法で得た花の香りが中心のジッキー（ゲラン/1882年）やキュイール・ド・ルシー（ゲラン/1890年）。さらに、ローズアブソリュートに新しい合成香料を調和させたといわれるラ・ローズ・ジャックミノー（コティ/1904年）、ヒドロキシシトロネラールを初めて使用したといわれるケルク・フルール（ウビガン/1912年）などの香水がある。

ヒドロキシシトロネラール

第一次世界大戦（1914～1918年）でファッションや香水の流行は一時的に顧みられなくなるが、すぐにまたすばらしい作品が登場する。1919年にはゲランからイギリス海軍武官との叶わぬ恋を書いた『ラ・バタイユ（戦闘）』（クロード・ファレール）に登場する日本人妻をイメージしたといわれるミツコが、1921年にはシャネルから北欧の白夜の湖畔で樹木から漂うみずみずしい香りをイメージしたというシャネルN°5が登場した。シャネルN°5は炭素数10～12の脂肪族アルデヒドの大胆な使用が画期的で、後世にまで影響を与えている。

第二次世界大戦後は有機化学の分析・合成領域の驚異的な発展が香料研究に多大な進歩を与えた。分析の分野では、天然香料の詳細な分析研究による重要な微量成分の発見があり、合成の分野では、微量成分の合成はもちろんのこと、自然界には存在しないが香調がきわめて興味深いフレグランス用合成香料、いわゆるニューケミカルが多数誕生した。その結果、パフューマーがフレグランスを創る際に選択できる素材は膨れ上がり、今日では6,000種類ともいわれている。近年の香水では合成香料の占める割合が80％以上というものも多い。合成香料の進歩は香料業界に大きな影響力を及ぼしている。

5. これからの香料産業

現代では香水やオードトワレをはじめ、化粧品、トイレタリー製品、ハウスホールド製品、芳香剤など、数多くの商品に香料が使用さ

れ，私たちの暮らしに彩りを添え豊かさをもたらしている。そして香料は，これらの市場に溢れる商品の第一印象を決定する存在といっても過言ではない。香料の開発においては，単に質のよい香りを創るだけではなく，香りの拡散性や基剤に対する安定性，販売する国や地域の嗜好，経済，各種法規，流行などを理解することが求められる。

一方，医療分野では，香料には抗炎症作用，抗うつ作用，抗菌作用，抗酸化作用，免疫賦活作用などがあるといわれている。また，生理・心理学分野では，ストレス緩和や疲労感軽減作用などの応用が注目されている。このように香料に対するニーズは多様化・複雑化しており，香料メーカーは市場動向やライフスタイルの変化に注意を払い，さらなる付加価値をもった香りを提供していく必要があるだろう。

1.2 フレーバーの歴史と文化

香料はフレーバーとフレグランスに大きく分類できる。フレグランスは，その歴史が，においを発する植物の利用からはじまり，香りを身につける風習へと変化していった。一方，フレーバーの歴史の背景には，食べることが生命を保つというシンプルな目的から，楽しみながら味わうという食文化へ発展し，また利便性を求めるという社会的なニーズが生まれた。さらに産業革命以降の加工食品の大量生産により，その需要も急速に拡大した。したがってフレーバー製造が近代産業として成立したのは，フレグランスの歴史からはるかに遅れ，19世紀のヨーロッパと考えられる。フレーバー産業は抽出，蒸留，有機合成，分析などの科学技術に支えられており，現在もさまざまな科学分野の発展とともに歩んでいる。同時にフレーバリストはそれらの技術に支えられた原料を駆使して目的に応じたフレーバーを創造している。ここでは食文化とフレーバーに関する歴史的な背景についてみていこう。

1. 古代から中世

人類は火を自由に使うようになると，肉は焼いたほうがおいしいということを覚え，同時に保存性の向上にも役立つことを経験的に学ん

だ。さらに土器の発明はいろいろな食材を煮ることを可能にし，生では硬くて食べにくかった植物も食べられるようになり，食糧の幅を広げたばかりではなく，加熱調理は食文化の原点となった。そして，食糧を確保するために農耕や牧畜を行うようになり，定住生活が進み，文明が築かれる礎となった。

　古代メソポタミアやエジプトでは，早くから香料が神々に対する捧げ物とされ，同時に王侯貴族の飲食物にも使用され，さらに酒や油による初歩的な抽出技術や何種類かの香料を組み合わせる調香の技術も知られていたことがわかっている。

　古代ギリシャ・ローマ時代になると，日常の食生活にも香料（特にスパイス）が多用され，上流階級の人々の食事には不可欠なものとなり，膨大な量のスパイスが消費されたと伝えられている。当時のスパイスのほとんどは遠く東洋から運ばれていたため，金や宝石と並ぶ高価で貴重な存在だった。スパイス貿易を担ったアラビア人は莫大な利益を上げ，『千夜一夜物語』に記されるようなイスラム文化を開花させた。一方，隆盛を誇った古代ローマ帝国は4世紀末に東西に分割され，次第に衰微する。ルネサンスが開花するまでヨーロッパは科学も芸術も停滞した。

　13世紀頃にアラビアで発明されたランビキは，香料植物からにおいのもとである精油の抽出に利用され，さらに純粋な化学物質を得る手段として重用されていった。さらにヨーロッパの食生活の中心となる肉食に不可欠なマスキング（香料で他の好ましくないにおいを覆い隠すこと）と保存料として，また度重なり流行したペストなどの疫病の予防薬・治療薬として，スパイスを中心とした香料の需要はますます増大していった。11世紀から13世紀にわたって行

ランビキ

われた十字軍遠征は，イスラム教徒に占領されたキリスト教の聖地エルサレムの奪回という名目があったが，アラビア商人の仲介を排除して直接東洋のスパイスを入手しようとする意図が多分にうかがわれる。さらに1299年にまとめられたマルコ・ポーロの『東方見聞録』に出てくる中国やモルッカ諸島のスパイス，ジパングの黄金の宮殿などは，ヨーロッパの人々の冒険心と野望をかきたて，その後300年にわたる大航海時代の幕を開いた。ヴァスコ・ダ・ガマによるインド航路の開拓，コロンブスによる新大陸の発見，マガリャンイスによる世界一周な

カカオ

バニラ（花）

どに代表される遠洋航海（図1.1）も，王権とキリスト教布教という建前と同時に，東方諸国の領土と産物（黄金とスパイス）の獲得という本音が隠されていたのである。その一方で，コロンブスが新大陸にオレンジとレモンを伝え，現地から唐辛子とタバコを持ち帰ったことや，コルテスによるメキシコ征服がヨーロッパにカカオやバニラをもたらしたことは，その後の世界の食文化に大きな影響を与えた。

2. 中世から近代へ

　新航路の発見によってスパイス貿易は拡大し，その巨大な利益をめぐってポルトガル，スペイン，イギリス，オランダは16世紀から18世紀にわたってスパイス生産地の植民地争奪戦をくり広げた。

　1771年頃，フランスは香料諸島と呼ばれるモルッカ諸島からスパイスの苗木を持ち出し，自国領の島々へ移植することに成功した。これをきっかけに栽培地は世界各地に拡大し，スパイスは以前よりも入手しやすくなり，多くの人々に広く使われるようになった。

　18世紀後半，イギリスではじまった産業革命は，産業の工業化と同時に

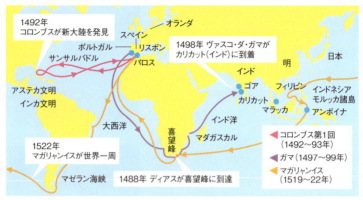

図1.1 大航海時代の航海航路図

社会構造や経済構造にも大きな変化をもたらした。この原動力のひとつには、原料供給地や市場としての広大な海外植民地の存在があった。

3. フレーバー産業の創成期

19世紀に入ると、イギリスからはじまった産業革命は、ヨーロッパ各国から独立間もないアメリカへと広がっていく。ヨーロッパにおいて、分邦されていたドイツが統一をきっかけに重工業が発展した。産業革命では後発となったドイツが教育の近代化に力を注ぎ、産業形成を推し進めた。

フレーバー関連の例を挙げると、ギーセン大学（ドイツ・ヘッセン州）のリービッヒ（1803～1873年）は、植物や動物に含まれる微量成分の組織中での生成メカニズムなどを研究するためにヨーロッパ各国から研究者を集め、有機化合物の分析法を確立するとともに多くの優秀な化学者

第1回 ロンドン万国博覧会 英国ブロック

を育成した。この頃，有機化学の分野も大きく発展し，果実の重要な
におい成分であるエステルの合成法を発表した。翌年，ロンドンで開
かれた第1回 万国博覧会（1851年）では，イギリスのフレーバー会
社（W.J.ブッシュ）から合成香料である各種エステル類がフレーバ
ーとして出品された。

19世紀半ばから20世紀にかけて急激に発展した科学技術の中で
自然界のさまざまなにおい成分が解明され，合成法が次々と発明され
た。1876年にバニラビーンズの主なにおい成分であるバニリンをグ
アイアコールから合成する方法をドイツのティーマンとハーマンが発
表すると，世界のバニラビーンズの価格が一挙に暴落したという。

アメリカでは南北戦争（1861〜1865年）後に教会を中心とした
禁酒運動が起こり，その影響もあってソーダファウンテン（清涼飲料
水提供設備）がブームとなった。やがて炭酸水の瓶詰め技術が確立さ
れると，全米に清涼飲料工場が建設され，イギリスから飲料用フレー
バーが大量に輸入された。その結果としてイギリスのフレーバー産業
は一大産業へと発展した。19世紀後半から欧米では数多くのフレー
バー会社が誕生した。

4. 日本のフレーバー産業

日本では，明治から大正にかけてラムネやサイダー，チョコレー
ト，ドロップ，ビスケットなどの加工食品の国内製造が次々にはじま
ったが，使用されるフレーバーはイギリスやドイツからの輸入品であ
った。日本のフレーバー産業が本格的に発展したのは，第二次世界大
戦終結（1945年）以降である。

1947年に食品衛生法が施行され，フレーバーに使用できる食品用
合成香料が初めて食品添加物として指定された。1951年頃から次々
に発売されたオレンジ果汁を10％程度使用した混濁果汁飲料は，バ
レンシアオレンジの爽やかな風味が目新しく一大ブームとなった。こ
の製品には果汁の濁りを再現できる乳化（油をコロイド状にして安定
に分散させる）香料が使用されていた。特に濁りを安定に保つために

乳化粒子を比重調整する技術（粒子の比重を飲料の比重に合わせ，分離を防ぐ）は画期的であった。1955年前後から発売された「粉末ジュース」はインスタント食品の先駆けであり，噴霧乾燥技術を利用して開発された粉末香料は，その後の加工食品開発にさまざまなかたちで影響を与えている（4.6節参照）。

高度経済成長期における，日本型生鮮食品中心の伝統的な食生活から欧米型加工食品中心の食生活への変化は，食品加工産業の発展の原動力となり，インスタントラーメンや缶コーヒー，カニ風味かまぼこなど，日本独自の加工食品を生み出し，フレーバーの需要は拡大を続けた。現在では，飲料，焼き菓子，スナック菓子，チューインガム，キャンディ，乳製品，デザート，冷菓，調味料など，ほぼすべての加工食品でフレーバーが使用されるようになっている。

5. これからのフレーバー産業

フレーバーは多くの加工食品の風味を特徴づけるうえで非常に重要かつ不可欠な存在になっており，人々の豊かな食生活に直接貢献するフレーバー産業の社会的責任は大きい。

フレーバー産業をとりまく環境に目を移すと，現代社会の食に対する安全・安心の要求は日本だけではなく世界的な時代の流れであり，豊かな食の一端を担うフレーバーは各国の法規を遵守し，より厳格な品質管理基準のもとで生産されなければならない。また，食生活の多様化や地球環境保護，食糧安全保障等のさまざまな観点から注目の集まる代替食品をよりおいしくする素材の開発など難しい課題を解決するための高度な技術も求められている。さらに経済のグローバル化が進むなか，各国特有の食習慣や嗜好性，法規，宗教，経済，歴史，文化，流行などを十分に理解し，配慮することが重要でもある。

このようにこれからのフレーバー産業は，厳格な品質管理の強化，難しい課題を解決するための高度な技術，食の多様化・国際化に対応する総合力がますます必要になっている。

1.3 においの感知機構解明の歴史

1. においを知る試み

アリストテレス以来,多くの先人により「におう」という不思議な感覚に対する考察が行われてきた。これらは感覚的な分類が主で「甘い」「油っぽい」「快」「不快」といったものであった。

しかし,科学技術が進歩した19世紀に入ると,化学者により次々とにおいが解明されはじめた。その結果,合成香料が誕生した。

1925年,ドイツのツワーデマーカーは,それまでの分類を整理し,物質とにおいという観点から,においをエーテル臭(エーテルなど),芳香臭(樟脳など),バルサム臭(花香など),麝香,ネギ臭,焦げ臭,ヤギ臭,不快臭,腐敗臭の9種類に分類した。

1949年,イギリスのモンクリーフは嗅細胞の嗅毛表面に,におい物質が作用する受容部位があると予想した。彼は,受容部位は同一ではなく,大きさ,形状が異なっており,におい物質が受容部位に入り込むことによって,におい物質が嗅細胞内で電気信号に変換され感知されることを提唱した。それに基づき,1952年,イギリスのアムーアは,約600種の化学物質の構造とそのにおいを七原臭(樟脳臭,刺激臭,エーテル臭,花臭,ハッカ臭,麝香,悪臭(腐敗臭))に分類し,におい物質を受容する部位を「鍵と鍵穴」のモデルで説明した(立体化学構造説)。これは嗅細胞の受容膜には凹みがあって,そこにはまり込む物質が受容部を刺激するというもので,実際に多くの分子模型をつくって,においの特性との相関を確認している。

「なぜ,におうのか」ということに関しては諸説が唱えられた。光や音のように振動として伝播し,嗅上皮を刺激するとした振動説,嗅細胞の受容膜とにおい物質の間で化学反応を起こして細胞を刺激するとする化学説(物理化学的な吸着,脱着も含まれる),受容器の表面にある酵素系に,におい物質が与える影響によってにおいの相違を感知できるという酵素説などである。

2. におい分子受容体の発見

においの本体を感知, 認識するシステムは, 遺伝子工学的手法によって解明された。ホルモン作用, シナプスを介した神経伝達物質の受容といった化学伝達には, GTP結合タンパク質（Gタンパク質）が共通した役割を果たしていることが知られている。嗅細胞のGタンパク質に結合する部分に受容体があると予想したアメリカのリンダ・バックとリチャード・アクセルは, 1991年, ラットの嗅細胞からGタンパク質に結合しているにおい分子受容体タンパク質遺伝子群を発見した。そして, におい物質がにおい分子受容体にはまり込むことによってにおいが感知されることが示された。においの感知が立体構造説であることが証明されたのである。

このにおい分子受容体は, ラットでは約1,000種, ヒトでは約400種存在している。におい分子受容体のタンパク質は図1.2のような構造をしており, ここににおい物質が受容されることによりGタンパク質を経由して電気信号が発信される。1つの物質は種類の違う複数の受容体に受容され, また, 物質ごとに受容される受容体のパターンが違うため, その受容体の組み合わせでにおい物質の違いが特定されることになる。

以上のように, におい分子受容体の発見は, においの感知機構の解明（5.2節にて詳述）に大きく貢献した。この功績により, リンダ・バックとリチャード・アクセルは2004年ノーベル生理学・医学賞を受賞した。

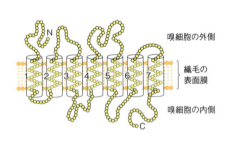

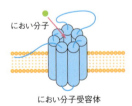

図1.2 におい分子受容体

第2章
においとは何か

第1章では，人類がどのような歴史的背景によって，においを認識し，その有用性に目覚めて香料を開発し，生活に役立ててきたか，また，感知機構の解明の歴史についてふれた。本章では，香料の源となる「におい」とは，どのようなものかをみていこう。

2.1 においの役割

秋の路上でどこからともなく漂ってくる金木犀のにおい，家路を急ぐ道すがら強烈に空腹を刺激するカレーのにおい，散歩の途中ふと海が近いなと感じさせる潮のにおいなど，私たちが生活している空間には，においが満ち溢れている。このように私たちのまわりには，自然から揮散するにおい，調理や食べ物のにおいのほかに，香水や化粧品の香り，家庭のゴミのにおいなど，非常に多くのにおいが漂っている。これらは，それぞれ異なったさまざまな揮発性物質で，私たちは，それらを異なるにおいとして感じている。例えば，ミカンをむくと，種々の小さな揮発性物質が空気中に飛び出す。その分子群（におい物質群）を鼻の中に嗅ぎ込んで，私たちは「あぁ，ミカンのにおいがする」と感じるのである。

ヒトを含めた動物は，外界の情報，つまり自分のまわりの世界が今どのようなものなのかという情報を得るために5つのセンサーを張り巡らせている。その5つのセンサーとは，視覚，聴覚，体性感覚，味覚，嗅覚で，これらをまとめて五感という。そのうちの味覚と嗅覚は，化学物質が舌上あるいは鼻腔に達して初めて感覚を発生するため化学感覚といわれている。この化学的刺激のもととなり，外界に漂っているのがにおい物質である。におい物質は，揮発性のある分子量約350以下の低分子化合物である。ただし揮発性物質が必ずしもすべて「におう」わけではない。鼻の奥に並んでいる嗅細胞（感覚細胞）

のポケットにはまり込んで受け取られ、その物質を受け取ったという信号が脳に送られる物質だけが「におい物質」となるのである。例を挙げると、ヒトには二酸化炭素はにおわないが、一部の動物は二酸化炭素の受容体をもっており、二酸化炭素はにおう物質となる。つまり、ある揮発性物質がにおう物質であるか否かは、においの情報を脳へと伝達する嗅覚神経系の性能によって決まっている。

この地球上には数十万種類以上もの多種多様なにおい物質があるといわれ、嗅覚神経系が、これら多数の異なったにおい物質を受容、識別し、さらにはイチゴのにおいだとかモモのにおいだとか認識するのは、嗅細胞のにおい分子受容体の組み合わせを脳が認知することによるのである。この感知機構については第5章で詳しく説明する。

2.2 においと物質の構造

においを感じるのは、におい分子の受容体に、におい物質が受容されて嗅細胞から嗅球に信号が伝わり脳で認識されるからである。この受容体に受容されるにおい物質とはどのようなものか、さらに詳しくみていこう。

1. におい物質の性質

私たちが感じるにおいの発生源の大部分は動物や植物、微生物に由来している。例えば多くの食品からのにおい、自然環境において感じられる花や草のにおい、あるいは雨が降りはじめたときの土臭いにおいなどである。におい物質は生物によりつくられているものであるため、その構成元素も生物を構成している元素と共通している。生物を構成している元素の中で量的に多いものは、水素(H)、炭素(C)、窒素(N)、酸素(O)、リン(P)、硫黄(S)、ナトリウム(Na)、マグネシウム(Mg)、塩素(Cl)、カリウム(K)、カルシウム(Ca)である。

ヒトを含む陸上生物に限っていえば、嗅覚で感知するのは空気中に漂っている分子である。空気中で嗅覚が感知できるだけの濃度になるためには、常温である程度の揮発性が必要である。

前述した元素の中で，常温で揮発性のある化合物をつくるのは水素，炭素，窒素，酸素，リン，硫黄，塩素の7つで，これらがにおい物質の構成元素となる。しかし，生体内のリンは大部分がリン酸塩やリン酸エステルとして，塩素は塩化物イオンとして存在しており，揮発性をもたない。したがって，水素，炭素，窒素，酸素，硫黄の5つが天然に存在するにおい物質の構成元素と考えられる。この5つの元素の中でも炭素だけが複雑な化合物，つまり有機化合物をつくる能力をもっている。そのため，におい物質のほとんどは有機化合物である。そのなかでも，ある程度の揮発性をもつものだけが，におい物質となりうる。分子が大きくなると揮発性は低下していくので，おおよそ炭素数約20，分子量約350がにおいをもつ上限とされている。

2. におい物質の香調の分類と表現

　におい物質を分類する方法には，香調（においの質・特徴・タイプ，～ノート，～様と表現することもある）による分類，分子の骨格による分類，官能基による分類などがあり，なかでも香調による分類は重要である。

　しかし，音や色のように客観的評価方法や物理的測定方法が確立されていない「においそのもの」を他者に伝えることはとても難しい。においは，その感じ方に個人差があり，その強さや香調でも印象が異なるため，同時ににおいを嗅がないかぎり，感じたそのにおいを直接相手に認識してもらうことは至難の業である。例えば，昔は白粉（おしろい）のにおいといわれ，「パウダリー」と表現されるものがあった。これは後述するムスク（麝香（じゃこう））と呼ばれる一群の化合物（p.42）が該当する。ムスクという名前を聞いただけでは，どんなにおいであるか想起できないが，この香りは石けんやシャンプー，洗剤などの残り香となるように広く使われており，実際にそれを嗅げば，「あぁ，このにおいか」と思う人は多いだろう。しかし，このような表現を使っても共通の認識をもてない場合もある。そこで香料業界では，あらゆる言葉を駆使してにおいを言葉で表現し，どのようなにおいかを確認し合い伝達し

第2章　においとは何か

ている。

　においを表現するにあたっては，具体的なものにたとえる表現，抽象的な表現，情緒感覚的な表現，物理的・化学的な表現などがある。

　具体的なものにたとえる表現は，シトラス（柑橘），フルーティー，ハーバル（ハーブ），カラメル，油臭い，薬臭い，金属臭，ゴム臭といった，香料に携っていない人にもなじみのあるものもあれば，先ほど挙げたムスクのほか，アンバーグリス（竜涎香(りゅうぜんこう)），サンダルウッド（白檀(びゃくだん)）といったあまり一般的ではないが，香料素材そのものの名前で表現するものがある。

　抽象的な表現には，味覚，体性感覚，視覚を使った表現を用いることが多い。例えば味覚であれば，「甘い，酸っぱい，苦い，フレッシュ（新鮮）な」，体性感覚では，「冷たい，やわらかな，尖った」，視覚では「赤い，白っぽい，青みがかった」などの表現がある。

　情緒的感覚表現には，「爽やかな，上品な，セクシーな，好ましい，みずみずしい，ボリューム感のある，豊かな，芳醇な」などで，物理的・化学的な表現は，「重い，強い，拡散性のある，酸臭，アルコール臭，アルデヒドノート」などが使われる。

　いずれにせよ，においを言葉で正確に表現して伝えることは難しく，においを嗅ぎながら互いの感覚をすり合わせ，言葉に置き換えて表現することが大切な作業となる。

3. におい物質の骨格による分類

　分子の骨格による分類や後述する官能基による分類は，有機化合物の分類に一般的に用いられる方法である。におい物質のほとんどは有機化合物であるから，これらの分類法を適用することができる。

　分子の骨格による分類法としては，環をもつかどうか，その数はいくつか，芳香族化合物かどうか，ヘテロ環かどうか，といった観点で分類される。

　また，天然から見出されるにおい物質については生体内でどのようにつくられるかによっても分類される。この分類で同じカテゴリーに

属する物質はつくられる原料や経路が共通しているため、骨格にも共通した特徴がみられる。

代表的な例としてはテルペノイドがある（図2.1）。テルペノイドは炭素数5のイソペンテニルピロリン酸（IPP）とジメチルアリルピロリン酸（DMAPP）から生合成される。そのため、テルペノイドは5の倍数の炭素原子を含み、これらのユニットをつなぎ合わせた形になっている。におい物質としてはゲラニルピロリン酸（GPP）から生合成される炭素数10のモノテルペンと呼ばれる一群の化合物と、ファルネシルピロリン酸（FPP）から生合成される炭素数15のセスキテルペンと呼ばれる一群の化合物が特に重要である。モノテルペン

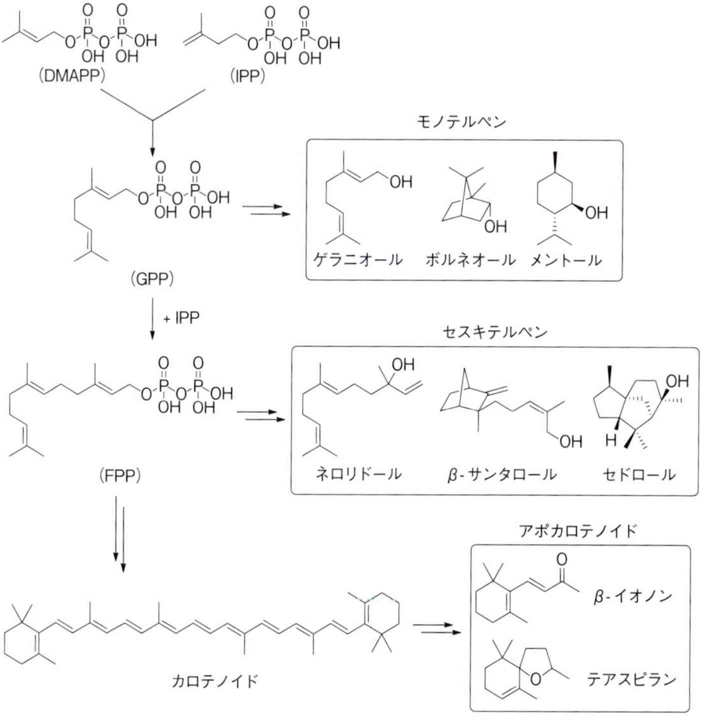

図2.1　テルペノイドの生合成

に属する化合物間でも，骨格や官能基の違いにより，においの質は大きく異なる。しかし，炭素数が決まっているために比較的揮発性が近い。すなわち，香料においてモノテルペンは，トップノート（香り立ち）～ミドルノート（においの中心部分）に大きく寄与し，セスキテルペンはミドルノート～ラストノート（残り香：フレグランスではベースノート）に大きく寄与する（トップノート，ミドルノート，ラストノートについては第3章参照）。またテルペノイドに関連する化合物として，炭素数20以上の無臭のテルペノイド化合物が酸化などを受けて分解され，生成してくるにおい物質も存在する。代表的なのは植物に含まれる色素である炭素数40のカロテノイドが酸化分解を受けたもので，アポカロテノイドと呼ばれる。

また，アミノ酸からつくられるにおい物質が存在する。フェニルプロパノイドと呼ばれる1つのベンゼン環から炭素数3前後の側鎖が伸びた形の一連の化合物が知られており，いずれも芳香族アミノ酸であるフェニルアラニンやチロシンから生合成されている（図2.2）。これらはベンゼン環の影響もあり比較的揮発性が低く，ラストノートに寄与する化合物が多い。

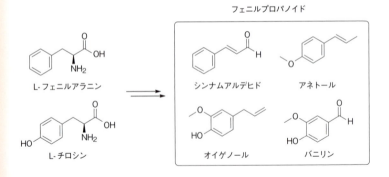

図2.2　フェニルプロパノイド

一方で分枝したアルキル基をもつバリンやロイシン，イソロイシンからは，分枝メチル基をもつ脂肪族のアルコールやアルデヒド，エス

テルなどが合成される。これらは揮発性が高い部類に属し、トップノートに寄与している。また、メチオニンやシステイン、それらの誘導体であるアミノ酸は硫黄を含むにおい物質のもととなっている（図2.3）。

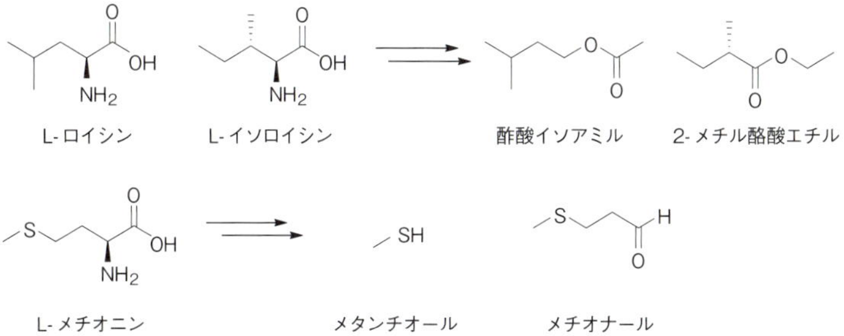

図2.3　アミノ酸からのにおい物質の生成例

　そのほかに脂肪酸からつくられるにおい物質が存在する。多くの直鎖状のアルコールやアルデヒド、カルボン酸、ケトン、エステルがこれに該当する。生体内の脂肪酸は2炭素単位で炭素鎖の延長や短縮が行われているため、これらの化合物が天然から見出されるときには、偶数あるいは奇数どちらかの炭素数の類縁体に片寄って存在することが多い。また、不飽和脂肪酸から酸化分解によりにおい物質が生成す

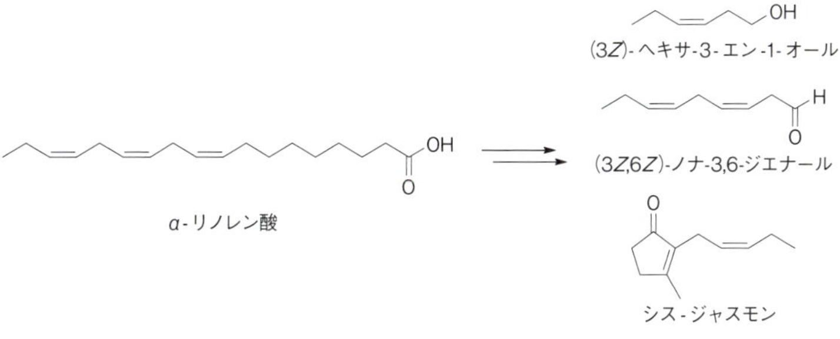

図2.4　不飽和脂肪酸からのにおい物質の生成例

る（図2.4）。不飽和脂肪酸はシス（cis）型の二重結合をもっているので，これらのにおい物質もシス型の二重結合を残しているものが多い。シス型とは，二重結合を挟んで同じ側に原子がある場合（例 ＼＝／）をいい，配置の表記にはZを用いる。また，反対にある場合（例 ／＝＼）をトランス（trans）型といいEを用いる。

また生合成ではないが，加熱調理の際には食品中に含まれる糖とアミノ酸が反応して新たなにおい成分が生成する。この反応はメイラード反応（4.4節参照）と呼ばれ，これにより加熱調理食品の特徴となるにおい物質が生成してくる。

4．におい物質の官能基による分類

におい物質が個々のにおい分子受容体と結合する際に，結合するかしないかに最も大きく影響するのは，におい物質の官能基である。におい分子受容体はタンパク質であるから，静電的な力や水素結合によってにおい分子と相互作用していると考えられる。それゆえ，分子上にそれらの相互作用を可能とする官能基があれば受容体と強く結合できることになる。次にいくつかの例を挙げて説明する。

ほぼ同じような形をしている分子であっても官能基が異なるとまったく別種のにおいになる。例えば，イソアミルアルコールは蒸留酒のようなにおい，イソバレルアルデヒドはココアのようなにおい，イソ吉草酸は納豆のようなにおいであり，それぞれアルコール，アルデヒド，カルボン酸と官能基の違いによりにおいが異なる（図2.5）。

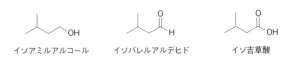

イソアミルアルコール　　イソバレルアルデヒド　　イソ吉草酸

図2.5　官能基とにおいの違い

逆に官能基が共通しており，ある程度形が似ている分子は，類似したにおいをもっていることが多い。例えば，マルトールをはじめとす

るカラメルのようなにおいをもつ化合物は，環状構造とヒドロキシカルボニル構造をもつ共通点がある（図2.6）。

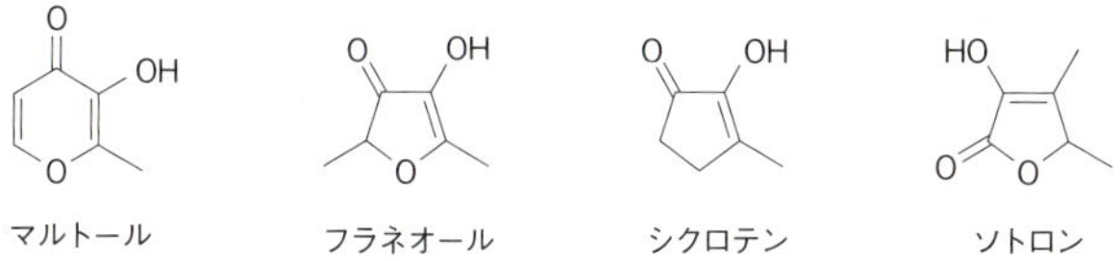

マルトール　　フラネオール　　シクロテン　　ソトロン

図2.6　カラメル香をもつ化合物

前述のとおり，におい物質は水素，炭素，窒素，酸素，硫黄の5つの元素からなるので，におい物質の分類に使用される官能基もこれらから構成されている。

組成的に最も単純な炭素と水素からなるにおい物質の官能基としては，二重結合，三重結合，ベンゼン環がある。酸素を含む官能基としては，ヒドロキシ基，エーテル結合，カルボニル基，カルボキシ基，

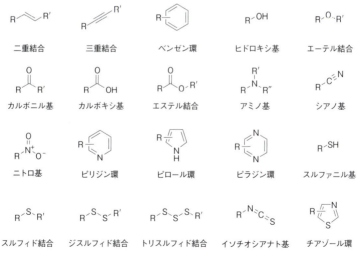

図2.7　におい物質のもつ官能基

エステル結合といったものがある。窒素を含む官能基としてはアミノ基，シアノ基，ニトロ基，含窒素芳香環（ピリジン環，ピロール環，ピラジン環）などがある。硫黄を含む官能基としてはスルファニル基，スルフィド結合，ジスルフィド結合，トリスルフィド結合，イソチオシアナト基，チアゾール環などがある。複数の官能基をもつにおい物質も数多く存在する（図2.7）。

先に，カラメルのようなにおいをもつ化合物を例に，骨格と官能基が類似していれば，においが類似するということを述べた。では官能基だけが類似している場合はどうだろうか。においの表現として「エステルのようなにおい」といえば「軽さと甘さのある新鮮な果実感を想起するにおい」をさすことが多い。実際，低級脂肪族カルボン酸と低級脂肪族アルコールから生成するエステルは，フルーツのようなにおいをもつものが多い。しかし，同じエステルであっても芳香族アルコールのエステルである酢酸ベンジルはジャスミンのようなにおいであり，芳香族カルボン酸エステルである桂皮酸メチルはマツタケのようなにおいである。脂肪族の酢酸エステルであってもテルペノイドのエステルである酢酸リナリルはシトラスのようなにおいをもつ。このように共存する他の官能基や分子の骨格によりにおいの質は大きく異なってくる（図2.8）。

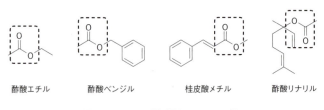

酢酸エチル　　酢酸ベンジル　　桂皮酸メチル　　酢酸リナリル

図2.8　においの質が異なるエステル類

逆に，骨格がほぼ同じで官能基が違う場合はどうだろうか。前述したイソアミルアルコールとイソバレルアルデヒド，イソ吉草酸の組み合わせでは，香調が大きく異なる。しかし，ゲラニアールとゲラノニトリルではどちらもレモンのようなにおいをもつ。このように官能基

を換えても香調が類似する例もみられる（図2.9）。

これらの例からわかるように、官能基だけからにおいを予測したり、分類するのは難しい。そのため、官能基による分類は香調や分子の骨格による分類と組み合わせて用いられる。

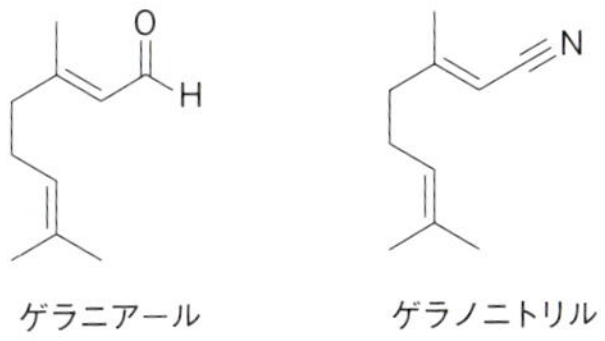

図2.9 ゲラニアールとゲラノニトリル

5. 同族体とにおい

官能基と分子の骨格がそれぞれ香調の違いに大きく影響することは前述した。官能基は受容体と強く相互作用できるかを決定し、分子の骨格は、受容体のポケットにぴったりとはまるかどうかを決定していると考えられる。それゆえ、これらに影響が少ない炭素鎖の部分が多少違っても香調は類似することが予想される。ある化合物の炭素鎖の部分の炭素数を変えたものを「同族体（ホモログ）」と呼ぶが、炭素数が近い同族体の間では、においも類似する場合が多い。このような例にはバニラの香りをもつバニリンとエチルバニリン、ミューゲ（スズラン）の香りをもつシクラメンアルデヒドとスザラール（高砂

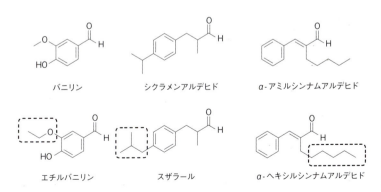

図2.10 類似したにおいをもつ同族体の例

香料工業株式会社の登録商標），ジャスミンの香りをもつα-アミルシンナムアルデヒドとα-ヘキシルシンナムアルデヒドなどがある（図2.10）。同族体を探索することで既存のにおい物質よりも優れた特性の香料を開発できる可能性もあり，多くの研究が行われている。

6. 立体異性体とにおい

一方でよく似た構造でありながら，においがかなり異なってしまうこともある。原子間の結合の順序が同じでも空間的な配置が異なっている立体異性体と呼ばれる分子の間では，においがかなり異なる場合がある。例えば，フレグランスに広く使用されているジヒドロジャスモン酸メチルは，シス体が強いジャスミンのにおいをもつ一方で，トランス体はあまりにおいがない。このような場合，シス体を多く含む香料を創ることができれば価値が高いものとなる（図2.11）。

さらに，におい分子受容体はキラル物質であるタンパク質からできているため，におい物質が結合するポケットもキラルになっている。

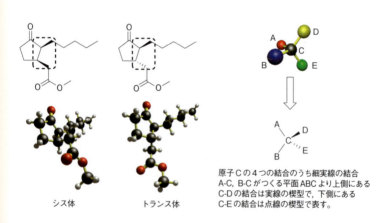

原子Cの4つの結合のうち細実線の結合A-C，B-Cがつくる平面ABCより上側にあるC-Dの結合は実線の楔の模型で，下側にあるC-Eの結合は点線の模型で表す。

シス体　　　　　トランス体

図2.11　ジヒドロジャスモン酸メチルの立体異性体

キラルというのは，右手と左手のようにお互いを鏡に映すことでしか重ね合わせることができない（＝対称面が存在しない）性質である。

右手と左手の関係にある異性体を鏡像異性体と呼ぶ。このような立体異性体を区別するため、記号として d/ℓ または (+)/(−)、(R)/(S) といった組を用いる。それぞれの鏡像異性体は旋光性が異なり右回りに偏光面を回転させる性質（右旋性）をもつものに d または (+)、逆に左旋性をもつものに ℓ または (−) を付与する。また、糖やアミノ酸では立体配置をD/Lで表現する場合もあるが、一般的には (R)/(S) で表現する。

　右手袋に右手はうまくはまるが、左手はうまくはまらないということから推測できるように、右手と左手の関係にある鏡像異性体は受容体との相互作用の仕方が異なり、その結果、においに違いが生じる。例えば、カルボンは ℓ-体がスペアミントの香りをもつが、d-体はキャラウェイの香りをもつ。メントールは ℓ-体はハッカの冷感を感じさせるにおいをもつが、d-体はそのようなにおいをもっていない（図2.12）。天然に存在するにおい物質でキラルなものは、一方の鏡像異性体を優位（過剰）に含むことも多い。鏡像異性体のにおいが異なることがあるため、天然のにおいを再現するには、この比率の再現が必要になることもある。そのため、鏡像異性体をつくり分けることで香料素材に付加価値を与えることができる（4.2節参照）。

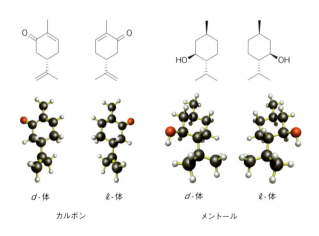

図2.12　カルボン、メントールの鏡像異性体

7. におい物質と受容体との相互作用

　立体異性体とは別にまったく異なる構造でありながら，似たにおいがする例もある。代表的な例として挙げられるのがムスク香料である。ムスク香料はその骨格と官能基によってニトロムスク（ニトロ基をもつ），多環式ムスク（複数の環をもつ），大環状ムスク（大きな環を1つもつ），脂環式ムスク（芳香族でない環を1つもつ）といったように分類されている。代表的な化合物の構造を図2.13に示すが，どれもまったく異なる構造をもっていることがわかる。ムスク香料が香料産業上重要であるため，ムスクのにおいの発現の機構は昔から興味がもたれてきた。また，同族体や立体異性体の研究も幅広く行われているので，におい物質と受容体の相互作用の研究においてよいサンプルとなっている。

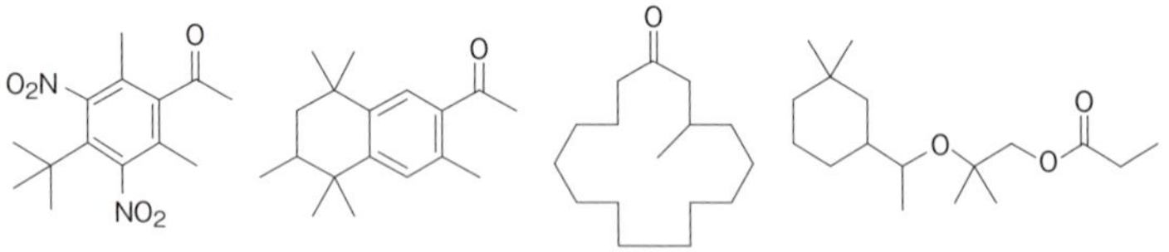

ニトロムスク　　　多環式ムスク　　　大環状ムスク　　　脂環式ムスク

図2.13　ムスク香をもつ化合物

　医薬分野において，特定の生理活性をもつために必要な構造上の特徴のセットをファーマコフォアと呼んでいる。医薬においては，何らかの受容体を刺激した結果，生理活性を発現する場合が多く，におい物質がにおいの感覚を生じさせるのも同じようなメカニズムが成立していると考えられる。そこで，特定のにおいを生じさせるのに必要な構造上のセットがにおい物質にもあるのではないかと類推し，これをオルファクトフォアと呼ぶことがある。特定の香調をもつにおい物質の構造とにおいの閾値から，特定の香調の発現に必要な構造上の特徴をコンピュータを用いて推定することが行われている。その結果，いくつかの香調についてオルファクトフォアが提唱されている。それに

よれば，におい物質と受容体の静電的な相互作用や水素結合を可能にするような官能基だけではなく，炭素鎖のような疎水性の部分についても，特定の位置に存在することがにおいの発現に必要であることが示唆されている。

8. 閾値と順応

あるにおい物質が，においの感覚を引き起こすのに必要な最低濃度を閾値と呼ぶ。におい分子受容体レベルでは，あるにおい物質によって活性化される複数のにおい分子受容体の閾値はそれぞれ異なり，非常に薄い濃度でも活性化される受容体もあれば，ある程度濃くないと活性化しない受容体もある。すなわち，低濃度のときには低濃度で活性化される受容体のみ活性化されるが，濃度が高くなると，高濃度で活性化される受容体も活性化され，その数も必然的に増えることになる。この組み合わせの違いが，同じにおい物質でも低濃度のときと高濃度のときでは，においの質が異なるという現象を説明している。

においを感じる閾値には検知閾値，認知閾値などがある。非常に薄い濃度のにおいでは何も感じないが，それを徐々に濃くし，ある濃度になると，何かはわからないが，においの存在を感じる濃度が出てくる。この最低濃度が検知閾値である。さらに濃度を濃くしていくと，においの質やどんな感じのにおいかが表現できる濃度が出てくる。この最低濃度が認知閾値である。

検知閾値や認知閾値が低いにおい物質ほど強く感じられるが，実際の閾値の測定報告は検知閾値の例が多い。ヒトが感じるにおいの検知閾値は，含硫化合物であるチオール類でppt（1兆分の1）の単位，ホルムアルデヒドなどはppb（10億分の1）の単位，アンモニアはppm（100万分の1）の単位など，においにより大きな幅がある。他の動物に比べてヒトの嗅覚は退化しているとはいえ，このように非常にわずかなにおい物質に鋭敏に反応する。これほど敏感な嗅覚であるが，私たちは日常生活にあるにおいに対して無意識である。においがしない無臭空間をつくり出すことは非常に難しく，どこにいても何

らかのにおいがしているが，よほど強いにおいが出てこないかぎり，私たちはにおいを意識しない。とはいえ，他人の家を訪れたとき，玄関に入った途端にその家特有のにおいを感じることがある。しかし中に入ってしばらくすると，そのにおいを感じなくなり，意識しなくなる。この現象は空気中からにおい物質がなくなったのではなく，私たちの鼻がそれを感じなくなったのである。また香水の心地よい香りも，しばらく嗅いでいると感じにくくなる。これは嗅覚の順応と呼ばれる現象である。嗅覚は順応しやすい一方で，多少の悪臭の中でもしばらくすると慣れてきて，それを感じずに生活できる。しかし，あるにおいを感じなくなっても，他のにおいがしてくれば感じることができる。この現象は選択的嗅覚順応と呼ばれる。このように数十万種もあるにおい物質が存在するところでにおい物質がまったく含まれない空間をつくることはほとんど不可能である。実際に私たちが無臭と感じている状態は，ある環境に長くいるため，その環境のにおいに順応した状態を意味しているのである。

第3章
香料

　第1章では香料の歴史を，第2章ではにおいとはどのようなものかを紹介した。本章では香料の開発，製造，種類，用途について，それぞれ具体例を交じえながら詳しくみていこう。

3.1 香料とは

　香料は，天然物に由来する天然香料と，有機合成化学によってつくられたにおい物質である合成香料に分類される。そして香料は，加工食品からフレグランス製品まで，幅広い範囲の商品の原料として，少量の添加で効果を発揮するものでなくてはならない。天然香料を得るための原料は，においの強いもの，もしくはにおい物質を多量に含んでいなければならない。一方，合成香料は，高濃度で高純度のにおい物質を含んでいなければならない。

　図3.1に香料の製造方法を系統的に表す。天然物から得られた天然香料は，そのまま香料として用いることもできる。また，いくつかの天然香料と合成香料を調合し，においのバランスを整えることにより調合香料ができる。研究部門で開発（調香）された調合香料は，生産部門において撹拌混合機や自動調合機などで，少ないもので数品，多いもので数百品もの天然香料や合成香料を混合して製造される。

抽出装置

自動調合機

撹拌混合機

生産工場内での装置例

それでは，これらの天然香料と合成香料，さらにフレーバー，フレグランスを順を追ってみていこう。

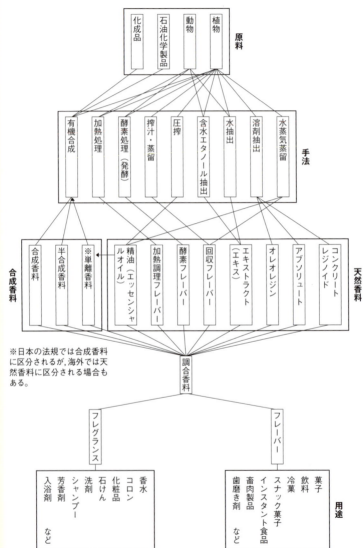

図3.1 香料の製造方法と用途

3.2 天然香料

　天然香料は自然界に存在する動植物を原料として，それらに含まれているにおい成分を水蒸気蒸留（回収フレーバーを含む）や抽出，圧搾などの物理的手段や酵素処理によって取り出したものである。

　その種類は約1,500種以上にも及ぶといわれているが，多く使用されているものは約200種で，日本ではそのほとんどを輸入に頼っている。フレーバー用天然香料は，食品衛生法で動植物より得られるもの，またはその混合物で食品の着香の目的で使用される添加物と定義され，天然香料基原物質リスト（平成27年3月30日　消食表第139号　消費者庁次長通知　別添2-2）に約600品目の動植物名が例示されている。また，フレグランス用天然香料としては，歴史的に使用経験が豊富で安全なものが使用されている（6.3節参照）。

1. 天然香料の製法

　天然香料は，天然物からできるだけ多くのにおい成分を採取したものである。その主な製法を次に示す。なお，機械装置の具体例については4.3節で詳しくみることとする。

A. 水蒸気蒸留（Steam distillation）

　原料に水蒸気を当てて，におい物質を分離する方法で大規模な生産に適し，最も広く用いられている（4.3節1A参照）。

B. 溶剤抽出（Extraction）

　水蒸気蒸留は，加熱するためににおいが変化しやすいのでアンフルラージュ法という非加熱の抽出法が開発されたが，現在ではほとんど利用されていない。現在，主に用いられているのはエタノール，アセトン，ヘキサンなどの有機溶剤や水，含水エタノールと天然物を接触させ，におい成分を採取する方法である。このほかにも新しい抽出溶剤として残留性のない二酸化炭素を用いる方法もある。

　有機溶剤で抽出した後に溶剤を回収除去したものを，フレグランス用ではコンクリートと呼ぶ（樹脂などの抽出物はレジノイドと呼ばれ

る）。これをさらにエタノールで抽出したものをアブソリュートという。一方，フレーバー用では，有機溶剤で抽出した後に溶剤を回収除去したものをオレオレジンと呼ぶ。また，水あるいは含水エタノールで抽出した（溶剤を除去していない）ものがエキストラクトである。本来，香料は着香のために使用されるが，これらには呈味成分も含まれるので応用範囲は広い。

また，二酸化炭素（CO_2）を用い，超臨界状態でにおい成分を抽出する方法を超臨界CO_2抽出という（4.3節参照）。この方法は溶剤がCO_2のため，溶剤の残留がなく，しかも品質がよい。

C. 圧搾（Expression）

オレンジ，レモンなどの柑橘類やスパイス類に含まれる精油（エッセンシャルオイル：におい成分を含む揮発性油）の採取方法である。柑橘類では外果皮に存在する油胞に精油が蓄えられていて，これを圧搾して破壊し，精油を集める。

2. 天然香料の種類とそれらの原料

天然物から得られる天然香料は，におい成分を含有する原料の違いにより，動物由来香料と植物由来香料に分けられる。

A. 動物由来香料

歴史的に動物性香料と呼ばれるフレグランス用原料がある。これは特定の動物の体に起源をもった分泌物や内臓に生じる結石から抽出によって採られる。ムスク（麝香：ジャコウジカの雄の生殖腺嚢の分泌物），シベット（霊猫香：ジャコウネコの雌雄の分泌腺嚢の分泌物），カストリウム（海狸香：ビーバーの雌雄の分泌腺嚢の分泌物），アンバーグリス（竜涎香：マッコウクジラの腸内結石）がある。ただし，今日においては，動物性香料が動物愛護の観点や希少動物由来であること，および商業的取引を規制したワシントン条約（1975年発効，日本は1980年締結）により入手困難となっている。一方，フレーバー用では，動物を由来とする香料が多数あり，畜肉，乳製品，魚介類などを原料に，酵素反応や加熱によって生成するにおいを抽出してさ

まざまな天然香料を得ている（4.4節，4.5節参照）。

B. 植物由来香料

植物性香料は植物のさまざまな部位から得られる。採香部位としては花，蕾，葉，樹幹（樹皮），根茎，樹液（樹脂），苔，果実，種子，果皮，全草などで，目的に合わせてにおい成分を抽出する。

植物に含まれる精油は，におい成分を含む揮発性の油であり，古くから香料として利用されてきた。なお，この精油は半合成香料の原料ともなる。また，そのほか不揮発性ないし難揮発性の樹脂状物質で，におい成分を含むものは，植物性香料の原料あるいは香料そのものとなる。

天然香料は，前述の製法により同一の原料からでも形態の違うものが得られ，名称も異なる。

主な天然香料の採取部位別に製法と香料としての形態を表3.1に示す。なかでも代表的な花は，バラ，ジャスミン，イランイラン，オレンジフラワーが挙げられ，多くの形態の香料が存在する。蕾ではチョウジ（クローブ），葉からはユーカリ，樹幹からはビャクダン（サンダルウッド），根茎からはオリス，樹液としてはガルバナムが得られる。フレーバー用としては，樹幹（樹皮）であるニッケイ（シナモン）や果実のバニラ，種子としてはスパイスのコショウ（ペッパー）やアニスシード，全草ではハーブであ

バラ

オレンジフラワー

ジャスミン

イランイラン

第3章　香料

るバジル,ペパーミントなどが用いられる。また,レモン,ベルガモット,スイートオレンジ,グレープフルーツなどの柑橘類は,果皮を圧搾して精油を採取する。柑橘類の精油は,含水アルコールで抽出して,水溶性香料の形態で使用されることもある。そのほか,天然香料基原物質リストに例示されている多くの植物から,溶剤抽出や水蒸気蒸留による天然香料の製造が行われている。

ところでこれらの天然香料を得る際,どのくらいの原料からどのくらいの精油が採れるのだろう。例えば,バラの場合は,約5tの花から精油が1kg採れ,0.02%程度の収率である。柑橘の場合では,果実に対して精油の収率は0.2〜0.5%程度であり,いずれも少量の天然香料しか得ることができない。

表3.1 代表的な天然香料

採油部位	植物名または香料	主な産地	製法(形態)	主なにおい成分
花	バラ ROSE バラ科 *Rosa damascena, Rosa centifolia*	ブルガリア トルコ フランス モロッコ	水蒸気蒸留 溶剤抽出 (精油, アブソリュート)	シトロネロール ゲラニオール ローズオキシド 2-フェニルエタノール
	ジャスミン JASMIN モクセイ科 *Jasminum grandiflorum*	フランス エジプト インド	溶剤抽出 (アブソリュート)	酢酸ベンジル リナロール インドール ジャスモン酸メチル
	ラベンダー LAVENDER シソ科 *Lavandula officinalis*	フランス ブルガリア	水蒸気蒸留 および溶剤抽出 (精油, アブソリュート)	リナロール 酢酸リナリル
	イランイラン YLANG YLANG バンレイシ科 *Cananga odorata*	マダガスカル インドネシア コモロ	水蒸気蒸留 (精油)	p-クレゾールメチルエーテル 安息香酸メチル
	オレンジフラワー ORANGE FLOWER (ネロリ NEROLI) ミカン科 *Citrus aurantium* var. *amara*	フランス イタリア モロッコ スペイン チュニジア	溶剤抽出および 水蒸気蒸留 (アブソリュート, 精油)	リナロール 酢酸リナリル アントラニル酸メチル
蕾	チョウジ(クローブ) CLOVE フトモモ科 *Syzygium aromaticum*	ザンジバル マダガスカル インドネシア	水蒸気蒸留 (精油)	オイゲノール カリオフィレン バニリン

採油部位	植物名または香料	主な産地	製法（形態）	主なにおい成分
葉	ゼラニウム GERANIUM フウロソウ科 *Pelargonium graveolens*	フランス （レユニオン） 中国, モロッコ エジプト	水蒸気蒸留 （精油）	ゲラニオール シトロネロール リナロール メントン
	パチュリ PATCHOULI シソ科 *Pogostemon cablin*	インドネシア 中国	水蒸気蒸留 （精油）	パチュリアルコール カリオフィレン ブルネセン
	ローズマリー ROSEMARY シソ科 *Salvia rosmarinus*	地中海沿岸	水蒸気蒸留	1,8-シネオール α-ピネン β-ピネン 酢酸ボルニル
	タイム THYME シソ科 *Thymus vulgaris*	スペイン フランス モロッコ トルコ	水蒸気蒸留	チモール *p*-シメン リナロール
	ユーカリ EUCARYPTUS フトモモ科 *Eucaryptus* sp.	オーストラリア インドネシア ブラジル グアテマラ	水蒸気蒸留 （精油）	1,8-シネオール シトロネラール
樹幹 （樹皮）	ビャクダン （サンダルウッド） SANDALWOOD ビャクダン科 *Santalum album*	インド	水蒸気蒸留 （精油）	α-サンタロール β-サンタロール
	セダーウッド CEDARWOOD ヒノキ科 *Juniperus virginiana*	アメリカ カナダ	水蒸気蒸留 （精油）	セドロール ツヨプセン セドレン
	ニッケイ（シナモン） CINNAMON クスノキ科 *Cinnamomum zeylanicum*	スリランカ マダガスカル セイシェル	水蒸気蒸留	シンナムアルデヒド オイゲノール
根茎	オリス ORIS アヤメ科 *Iris pallida*	イタリア モロッコ	溶剤抽出および 水蒸気蒸留 （コンクリート）	イロン リナロール ゲラニオール
	ショウガ（ジンジャー） GINGER ショウガ科 *Zingiber officinale*	インド ナイジェリア 中国	水蒸気蒸留	ジンゲロン ショーガオール
樹液 （樹脂）	ガルバナム GALBANUM セリ科 *Ferula galbaniflua*	イラン トルコ	溶剤抽出または 水蒸気蒸留 （レジノイド, 精油）	α-ピネン β-ピネン ウンデカ-1,3,5-トリエン
	ラブダナム LABDANUM ハンニチバナ科 *Cistus ladaniferus*	スペイン ポルトガル フランス	溶剤抽出または 水蒸気蒸留 （レジノイド, 精油）	α-ピネン 1,8-シネオール ラブダノール
	ミルラ（没薬） MYRRHE カンラン科 *Commiphora myrrha*	エチオピア ソマリア	溶剤抽出または 水蒸気蒸留 （レジノイド, 精油）	α-ピネン クミンアルデヒド オイゲノール シンナムアルデヒド クレゾール

（つづく）

表3.1-つづき

採油部位	植物名または香料	主な産地	製法（形態）	主なにおい成分
苔	オークモス OAKMOSS サルオガセ科 （樫の樹につく苔） *Evernia prunastri*	マケドニア	溶剤抽出 （アブソリュート）	ツヨン カンファー ボルネオール オルシノール
果実	バニラ VANILLA ラン科 *Vanilla planifolia* *Vanila tahitensis*	マダガスカル インドネシア パプアニューギニア	溶剤抽出 （エキス， アブソリュート）	バニリン アニスアルコール ベンズアルデヒド
果実	リンゴ（アップル） APPLE バラ科 *Malus pumila*	アメリカ	水蒸気蒸留 （回収フレーバー）	ヘキサノール ヘキサナール 酢酸エチル 2-メチル酪酸エチル
果実	ブドウ（グレープ） GRAPE ブドウ科 *Vitis* sp.	アメリカ	水蒸気蒸留 （回収フレーバー）	安息香酸メチル 酢酸エチル 酢酸2-フェニルエチル ヘキサノール
種子	アニスシード ANISE SEED セリ科 *Pimpinella anisum*	インド パキスタン ロシア	水蒸気蒸留 （精油）	バニリン アニスアルコール ベンズアルデヒド
種子	コショウ（ペッパー） PEPPER コショウ科 *Piper nigrum*	インド インドネシア マレーシア ブラジル	水蒸気蒸留 溶剤抽出 （精油）	α-ピネン β-ピネン β-カリオフィレン サビネン
果皮	レモン LEMON ミカン科 *Citrus limon*	メキシコ アルゼンチン トルコ	圧搾 （精油）	酢酸ネリル 酢酸ゲラニル シトラール
果皮	ベルガモット BERGAMOT ミカン科 *Citrus bergamia*	イタリア コートジボワール	圧搾 （精油）	酢酸リナリル リモネン リナロール
果皮	スイートオレンジ SWEET ORANGE ミカン科 *Citrus sinensis*	ブラジル 中国	圧搾 （精油）	オクタナール デカナール リナロール シネンサール
果皮	マンダリン MANDARIN ミカン科 *Citrus reticulate*	イタリア アメリカ	圧搾 （精油）	リモネン *N*-メチルアントラニル酸メチル
果皮	グレープフルーツ GRAPEFRUIT ミカン科 *Citrus paradisi*	アメリカ イスラエル アルゼンチン 南アフリカ共和国	圧搾 （精油）	オクタナール デカナール ヌートカトン

採油部位	植物名または香料	主な産地	製法（形態）	主なにおい成分
全草	バジル BASIL シソ科 *Ocimum basilicum*	インド エジプト フランス イタリア	水蒸気蒸留 （精油）	メチルチャビコール リナロール オイゲノール
	シトロネラ CITRONELLA イネ科 *Cymbopogon winterianus,* *Cymbopogon nardus*	スリランカ 中国 インドネシア	水蒸気蒸留 （精油）	リモネン シトロネラール
	ペパーミント PEPPERMINT シソ科 *Mentha piperita*	アメリカ インド 中国	水蒸気蒸留 （精油）	ℓ-メントール メントン 酢酸ℓ-メンチル
	スペアミント SPEARMINT シソ科 *Mentha spicata*	アメリカ 中国 インド	水蒸気蒸留 （精油）	ℓ-カルボン リモネン メントン

3.3 合成香料

第1章で述べたように，香料は産業革命以来の科学技術の発展に伴う合成香料の発明により普及し，より多くの人に利用されるようになった。いわば，合成香料は科学技術の進歩がもたらした恩恵のひとつである。本節では，天然香料と合成香料を比較して合成香料の特徴を明らかにし，合成香料とは何か，どのように使われるのかをみていこう。

香料には天然香料と合成香料があり，それぞれの特徴を活かすことで互いを補完して調合香料が成り立っている。

天然香料は非常に数多くの有機化合物の集合体として存在している。例えば，レモン精油のにおい分析では200成分以上が同定されている。それに対して合成香料とは単一の（純度の高い）有機化合物で，特徴的なにおいをもつ。そのため「単品香料」とも呼ばれる。理論上では，合成香料を使用して天然物に含まれているすべての成分を同じ存在割合で調合すれば，まったく同一のにおいがする香料になるはずである。つまり，天然香料とは非常に多くの単品香料の高度な調合が自然の力でなされたものであると表現することもできる。自然の

においの「完全」な再現は香料業界の大きな目標のひとつでもあるが，そのようなものを工業製品としてつくり出すことは実現困難でもある。

　天然物から得られるにおい成分はごく限られており，供給量もわずかなものである。また，天然香料だけで表現できる香調は少ない。フルーツ系フレーバーを例にとると，シトラス，アップル，グレープなどの天然香料は存在するものの，その他多くのフレーバーは天然香料だけでは成立しない。天然香料は，安定供給という面でも，気候の変動や天災の影響などにより収穫量や品質に変動性があり，価格も不安定な状態にならざるをえない。

　このように，経済的に天然香料だけによる供給は困難で，合成香料を組み合わせて用いる必要がある。合成香料は天然香料と異なり，総じて安定して大量に得られる天然原料や石油製品を原料として有機合成化学によって生み出されるので，供給量，品質，価格を安定させることが可能である。その品質，特に安全性は厳密に管理されており，法的に定められた品質規格を満たしている（第6章参照）。

　天然物は数多くの有機化合物の集合体であることは前述したが，そのなかで揮発性成分のすべてが必ずしもその天然物のにおいを表現するのに貢献している成分というわけではない。例えば，フレーバーを開発する場合に，対象とする食品の揮発成分を抽出し，そのなかから重要な成分だけAEDA（Aroma Extract Dilution Analysis）法（4.1節参照）などの分析技術を駆使して選び抜き，それに対応する合成香料を調合すれば，ターゲットとする天然物のにおいと限りなく近い香料が調製できる。一方，フレグランスでは，イメージに合った合成香料をいくつも組み合わせて新しい香りを創造する。これも合成香料の存在なくしては実現できない。つまり，合成香料があって，初めてさまざまな香料需要に応えることができるのである。

　ここで具体的な数字として日本香料工業会の2022年の国内香料統計を挙げたい（表3.2）。この統計によると天然香料の販売量は2,555 tであるのに対して，合成香料の販売量は9,830 tと報告されている。この数字からも香料需要の多くの部分を合成香料が担って

いることは明らかである。よって合成香料は香料産業において欠かすことのできないものであることがわかる。

表3.2　2022年国内香料統計（香料の製造・販売量）
(単位：t，百万円)

		製造 2022年	販売 2022年
天然香料	数量	684	2,555
	金額	3,654	18,787
合成香料	数量	6,003	9,830
	金額	26,991	36,826
食品香料	数量	49,461	46,637
	金額	143,652	147,955
香粧品香料	数量	8,235	11,770
	金額	24,969	39,606
合計	数量	64,383	70,792
	金額	199,266	243,174

〔日本香料工業会より〕

1. 合成香料の分類

一般的に「合成香料」と聞くと，石油製品由来の原料化合物を有機合成化学の手法によって化学変換させて得られる化合物だけを思い浮かべる人が多いのではないだろうか。しかし，合成香料の中には，石油以外の天然原料，つまり植物や動物由来の原料から蒸留や抽出，結晶化などの手法を用いて，ある単独の化合物のみを取り出した「単離香料」や，また，その単離香料を出発原料として化学変換させることで得られる「半合成香料」も含まれる。

ただし日本では単離香料を「合成香料」と区分しているが，海外では「天然香料」とされる場合もある。

このように数種類に区分されている合成香料であるが，香料化合物（香料としての使用が認められている化合物）として比較的なじみ深い化合物であるℓ-メントールを例に，各区分にどのような差異があるかを詳しくみていこう。

A. 単離香料

単離香料とは天然原料の中から抽出により取り出された香料である。例えば，植物精油の蒸留処理により得られる香料が代表的な単離香料として挙げられる。なかでもℓ-メントールはハッカの水蒸気蒸留により得られたハッカ油を再結晶処理によって得ることができ，インド，中国などを中心に現在でも大量に生産されている。このℓ-メントールは冷涼な香味（においと呈味）を有しており，歯磨き剤やマウスウォッシュ，ボディーソープといったフレグランス製品用から，

チューインガム、キャンディ、アイスクリームといったフレーバー用まで幅広く使用されている。メントールには8種類の立体異性体が存在し、独特な冷涼感のある香味の本体はℓ-メントールと呼ばれる化合物で、和種ハッカ油に65〜85％、洋種ハッカ油に約40％含有されている（表3.17参照）。このℓ-メントールのように、天然精油中に比較的高い濃度で含まれている場合には、効率よく必要な化合物を単離香料として取り出すことができる。

B. 半合成香料

半合成香料とは、単離香料として天然精油から得られた化合物に対して、有機合成化学の手法を利用してさらなる化学変換を施された香料のことをいう。ℓ-メントールは半合成香料としても供給されている。この場合、出発原料としてはβ-ピネンを用いるが、これは製紙会社が紙パルプを製造する際、副生成物として生じるテレビン油を精製することで得られる単離香料である。

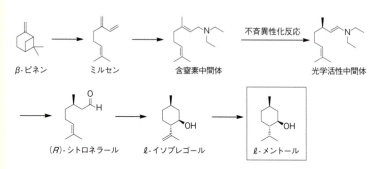

図3.2　ℓ-メントールの製法1

このβ-ピネンは熱分解反応によりミルセンへと導かれた後に、さらに窒素を含んだ中間体へと変換される。この含窒素中間体に対して、野依良治（2001年ノーベル化学賞受賞）らにより開発された「不斉触媒」を利用した「不斉異性化反応」という反応を行うことで、ℓ-メントールになるための不斉炭素が導入される。得られた光学活性中間体は、順次（R）-シトロネラール、ℓ-イソプレゴールへと変換さ

れ，最終的に ℓ-メントールが得られる（図3.2）。

この技術が確立される以前の ℓ-メントールの半合成法は，シトロネラ油から得られる (R)-シトロネラールを出発原料とする方法が最も利用されていた。

C. 合成香料

最後に，石油由来の原料を使用する合成香料に関してみていこう。この一例として前述の ℓ-メントールの別の製造方法を図3.3に示す。

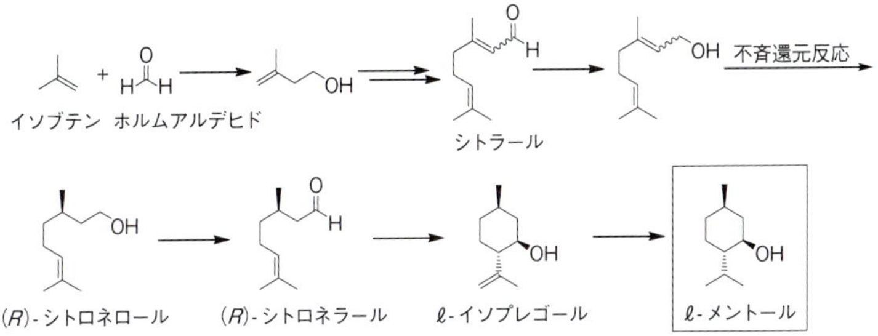

図3.3 ℓ-メントールの製法2

石油化学工業において重要な化合物であるイソブテンとホルムアルデヒドから得られる不飽和アルコールを数段階でシトラールへと導き，アルデヒドをアルコールへと還元する。続いて不斉還元反応を用いることで (R)-シトロネラールへと導くことができる。以降は半合成香料の場合と同様の変換を行うと ℓ-メントールを得ることができる。

以上のように，同じ ℓ-メントールでも，その製造方法および出発原料によって「香料」としての区分は単離香料，半合成香料，合成香料に分類される。同じ香料化合物でも合成香料には多種多様な製造方法が存在し，製造方法により，それぞれ異なる利点がある。この多様さが香料化合物の安定供給を支えている。

2. 環境保全と合成香料

天然香料の中には，魅力的なにおいを有し，需要の高いものが多い。これらの天然香料には，有用なにおい成分をわずかにしか含まな

いものが存在する。その有用なにおい成分を大量に得るためには、より大量の天然資源を犠牲にしなければならない。また、動物愛護と希少動物保護の観点からワシントン条約により商取引が禁止されたものについては、それらを利用する天然香料の製造は不可能となった。動物由来の天然香料と合成香料の関係を紐解く中で、きわめて重要な化合物としてムスコンが挙げられる。

ムスコンは麝香（ムスク）として古くから知られている天然香料の主成分であるが、麝香中には (R)-体としてわずか2.5%程度しか存在しない。香水に使用すると香りに重厚感を与えて持続性を向上させるため、重要なにおい成分のひとつとされている。麝香は、ジャコウジカの雄の腹部に存在する香嚢（生殖腺嚢）と呼ばれる臓器を切り取って乾燥させることで得られてきた。雄のジャコウジカ1匹からおおよそ30g程度しか手に入らない貴重品であり、また、特別な香調ゆえに需要は非常に高かった。そのためジャコウジカは貴重な天然香料の供給源として乱獲され、絶滅の危機に瀕してしまい、動植物の取引を制限するワシントン条約により保護されることとなった。しかし、フレグランス市場において魅力的な麝香の需要が減少することはなく、その代替となる化合物として合成香料の需要が高まったのである。麝香の主成分である (R)-ムスコンの構造を明らかにしていた香料化学者たちは、その合成方法を精力的に研究した。

(R)-ムスコン

天然型の (R)-体と非天然型の (S)-体の1:1混合物であるラセミ体のムスコンは、過去の技術でも合成できたが、天然型 (R)-体を工業的に生産するのは容易ではなかった。生産可能なラセミ体には、においの優れた天然型は半分量しか含まれておらず、天然より得られるムスコンの魅力に比べるとやはり見劣りしてしまうのである。そのような状況下で、ムスコンの構造を参考に、麝香のようなにおいを有する化合物の探索が行われることとなった。きわめて重要な香料化合物となることが期待され、探索が続けられた結果、現在までに数多くの

有用な化合物が発見されている。それらの化合物は「合成ムスク」と称されているが，合成ムスクの中には，天然からは未だ見出されていない構造を有する化合物も含まれている。そのような化合物は，すでに天然から見出されている化合物群が「ネイチャーアイデンティカル（Nature Identical）香料」と呼ばれているのに対し，「アーティフィシャル（Artificial）香料」と呼ばれている。

　シクロペンタデカノン　　　ペンタデカノリド　　　エチレンブラシレート

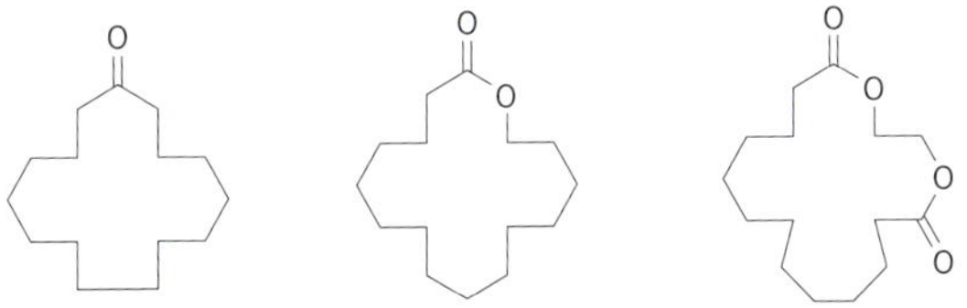

図3.4　合成ムスクの例

　図3.4に例示する3つの化合物はムスコン同様に大環状構造を有しており，香料において大環状構造をもつ化合物はムスコンと同系の重厚な香調をもつ化合物が多い。この3つの化合物はそれぞれに特徴的な麝香のようなにおいを有しているが，ムスコンのように不斉炭素が存在しないため簡便に製造することができる。ペンタデカノリドは天然香料であるアンゲリカ根油から見出されており，ネイチャーアイデンティカル香料であるのに対し，エチレンブラシレートは未だ天然から見出されておらず，アーティフィシャル香料に分類される。天然に存在しない合成香料ではあるが，その安全性は法に定められた多様な試験結果により確認されており，その使用に関しても法制度により厳密に管理されている（第6章参照）。

　以上のように，重要な合成香料であるが，今後の課題は，より環境に負荷をかけない製法（グリーンケミストリー）を推進していくことである。このような新技術を積極的に導入していくことで，合成香料は更なる飛躍を遂げるのではないだろうか。

3.4 フレーバー

香料には天然香料と香料化合物があり、これを素材とした調合香料がある。ここからは、日本の香料生産のおよそ7割を占めるフレーバーについて、どのような手順でつくられ利用されているのかについてみていこう。

1. 食品のにおい

消費者が購入する加工食品（以下、商品）は、おいしさと便利さを求めてさまざまな工夫がされている。その工夫のひとつとして嗜好性のある商品にするためにフレーバーが使用される。

フレーバーは食品の具体的なにおいを再現することが重要である。それには第4章で述べるにおい分析の技術を用いて食品のにおい成分の構成を知ることが必要不可欠である。そこで、フルーツなどの生鮮食品や発酵食品、加熱調理された食品のにおいの詳細データを例に挙げながらみていこう。

なお、本節では食品のにおいと特徴について解説するが、紹介するにおい成分は食品中の濃度や他の成分とのバランス、相互作用により特徴の表現が異なる。

また、食品のにおいは、複数のにおい物質から構成されており、3つのパートに分類して表現することが多い。そのものを印象づける初

図3.5　トップノート、ミドルノート、ラストノートの構成

めに感じるにおいをトップノート，骨格となる中盤に感じるにおいをミドルノート，最後まで残る重厚感のあるにおいをラストノートと表現している（図3.5）。

A. フルーツ

ⅰ）柑橘類（シトラス）　シトラスはミカン科ミカン属の常緑低木または高木（*Citrus*属）で，オレンジ，レモン，ライム，グレープフルーツ，ミカン，ユズなど柑橘類全体を総称したものである。シトラスの発生は2000万～3000万年前のアッサム地方（インド北東部）と推定されており，そこから世界に伝播する過程で多様な種類に分化していった。

柑橘類

主な産地は，南北の回帰線周辺の比較的高温多湿な地域に集中し，南北アメリカやイタリアなどの地中海沿岸諸国，南アフリカ共和国などが挙げられる。シトラスは生果あるいは果汁などへ加工されて食される。天然香料の原料である精油は主に果汁加工の際に採取される。ここでは精油のにおいについて述べる。

シトラスの果皮には，におい成分を含む精油が多く含まれる。精油の量は種類などにより違いはあるが，果実全体に対して約0.2〜0.5％である。

では，においはどのような成分で構成されているのだろうか。精油成分の90％以上はテルペン系炭化水素であり，その主な成分はd-リモネンである。テルペン系炭化水素は炭素原子と水素原子のみで構成されており，においとしての貢献度は低い。シトラスのにおいを特徴づける化合物として重要なのは，精油中に数％存在するアルデヒド類，アルコール類，エステル類などの分子中に酸素を含む含酸素化合物である。含酸素化合物であるオクタナール，デカナールなどのアルデヒド類は主に果皮感に寄与し，リナロール，ゲラニオールなどのアルコー

ル類や酢酸ゲラニルなどのエステル類は果汁感に主に寄与している。

シトラスは，におい成分が200種類以上報告されている。表3.3に世界的に生産量の多いオレンジ，レモン，グレープフルーツ，日本では調味料としての需要が高いユズについて重要なにおい成分を示す。

①**オレンジ**(*Citrus sinensis*)　世界のシトラス果実の生産量の約半分を占め，ブラジル，中国が主な産地である。オレンジの重要なにおい成分としては，オクタナール，デカナールなどのアルデヒド類である。また，オレンジの甘さには，リナロールやシネンサールが寄与している。

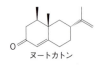
シネンサール

②**レモン**(*Citrus limon*)　メキシコ，アルゼンチン，トルコが主な産地で，世界のシトラス生産量の約10%を占める。レモンの特徴を示す重要なにおい成分は酢酸ネリル，酢酸ゲラニル，シトラールで，シトラールはレモン精油の含酸素化合物の半分以上を占め，酸味を伴った果皮感に寄与している。

シトラール

③**グレープフルーツ**(*Citrus paradisi*)　1750年頃に西インド諸島のバルバドス島でブンタンの自然雑種として発生した品種である。ブドウの房のように果実が群がってつくことからグレープフルーツと命名されたといわれている。アメリカ，イスラエル，アルゼンチン，南アフリカ共和国が主な産地である。グレープフルーツの特徴を示す重要なにおい成分はオクタナール，デカナール，ヌートカトンで，ヌートカトンはグレープフルーツ独特の苦味を伴った果皮感に寄与している。グレープフルーツの苦味そのものは不揮発性のナリンジンが寄与しており，果汁中に0.03〜0.1%含有している。

ヌートカトン

④**ユズ**(*Citrus junos*)　中国の長江上流域が原産といわれる。日本には奈良時代に伝わり，日本人にはとてもなじみ深いものとなってい

る。料理の香りづけといった調味料として用いられることが多い。このほか冬至にユズの果実を浮かべたユズ湯に入る習慣もある。ユズの重要な

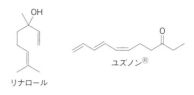

におい成分はN-メチルアントラニル酸メチルやリナロール，チモールなどであるが，近年，ユズのフレッシュな果皮感に寄与するにおい成分としてユズノン®が発見されている（4.2節参照）。

表3.3　柑橘類の重要なにおい成分

種類	重要なにおい成分
オレンジ	オクタナール，デカナール，リナロール，酢酸ゲラニル，シネンサール
レモン	シトラール，ネロール，ゲラニオール，酢酸ネリル，酢酸ゲラニル
グレープフルーツ	オクタナール，デカナール，ヌートカトン
ユズ	リナロール，チモール，ユズノン®，N-メチルアントラニル酸メチル

ii) その他のフルーツ　ここでは，シトラスフルーツ，トロピカルフルーツ以外のフルーツとして，イチゴ，モモ，メロン，ブドウ，リンゴについてとり上げる。

①**イチゴ**　バラ科イチゴ属の多年草（*Fragaria*属）で，原産地は南アメリカである。現在の栽培種の大部分はペルーからパタゴニアに自生しているチリイチゴとアメリカ東部野生種のバージニアイチゴとの雑種が起源と考えられている。その後，ヨーロッパへと広がり，交雑をくり返し，一部はアメリカに逆移入されさまざまな新品種が開発された。日本への本格的な導入は明治初期にはじまり，フランスから取り寄せたゼネラル・シャンジー

表3.4　イチゴの主なにおい成分

主なにおい成分	特徴
酪酸エチル，酪酸	軽さと甘さのある新鮮感
(3*Z*)-ヘキサ-3-エン-1-オール，(2*E*)-ヘキサ-2-エナール	フレッシュなグリーン感
リナロール	種感，完熟感
γ-デカラクトン	白っぽい果肉感
フラネオール	甘い果汁感
桂皮酸メチル	ジャム感
ジメチルジスルフィド，チオ酢酸*S*-メチル	完熟感

種から1899年（明治32年）に日本初品種である「福羽」が育成された。「福羽」は1960年代に至るまで長きにわたり栽培され、今日、市場を賑わしている品種のほとんどがその流れを汲んでいる。

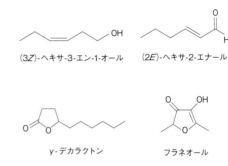

(3Z)-ヘキサ-3-エン-1-オール　　(2E)-ヘキサ-2-エナール

γ-デカラクトン　　フラネオール

　嗜好性の高いフルーツであるイチゴは、フレーバーの需要も高く、におい成分についての研究も比較的早い時期から進められてきた。現在までに報告されたイチゴのにおい成分は300種類以上に及ぶ。

　特に重要なにおい成分として、トップノートのイチゴらしい軽さと甘さのある新鮮感を印象づける酪酸エチルや酪酸、青葉をイメージさせるフレッシュなグリーン感をもつ(3Z)-ヘキサ-3-エン-1-オール、(2E)-ヘキサ-2-エナール、イチゴの種və完熟感を与えるリナロール、イチゴの芯の白っぽい果肉感を想起させるγ-デカラクトン、果汁の甘さを感じさせるフラネオール（フイルメニッヒの登録商標）、ジャム感に寄与する桂皮酸メチルなどが挙げられる。そのほか、含硫化合物であるジメチルジスルフィド、チオ酢酸S-メチルなどはイチゴにはごく微量しか含まれないが、非常に閾値の低い特徴成分で、完熟感に大きく寄与している。

② モ モ(*Amygdalus persica*)　バラ科モモ属の落葉果樹で、原産地は中国黄河上流の陝

表3.5　モモの主なにおい成分

主なにおい成分	特徴
酢酸エチル	軽さと甘さのある新鮮感
(2E)-ヘキサ-2-エナール、ヘキサナール、(3Z)-ヘキサ-3-エン-1-オール	フレッシュなグリーン感
リナロール	華やかなにおい
γ-ヘプタラクトン、γ-デカラクトン、γ-ドデカラクトン、δ-デカラクトン	濃厚な果肉感
β-イオノン	ジューシーなにおい

西省，甘粛省の高原地帯である。日本へは縄文時代末期から弥生時代に渡来していたといわれている。現在の栽培種は明治初頭に中国や欧米から導入された品種をもとに育成されたものが中心となっている。

δ-デカラクトン

　甘く華やかな香りを放つモモのにおい成分は，現在までに140種類以上が報告されている。酢酸エチルなどのエステル類は，トップノートの軽さと甘さのある新鮮感に寄与している。フレッシュなグリーン感は，(2E)-ヘキサ-2-エナール，ヘキサナール，(3Z)-ヘキサ-3-エン-1-オールなどの炭素数6個のアルデヒド類とアルコール類によるものである。独特の華やかなにおいにはリナロールが寄与している。さらに，γ-ヘプタラクトン，γ-デカラクトン，γ-ドデカラクトン，δ-デカラクトンなどのラクトン類は，モモの特徴であるクリーミーで濃厚な果肉感を表現するのに最も重要なにおい成分である。また，β-イオノンは，閾値が低くその含有量はわずかではあるが，モモのジューシーなにおいに大きく貢献している。成熟途中の段階では，(2E)-ヘキサ-2-エナール，ヘキサナール，(3Z)-ヘキサ-3-エン-1-オールなどのいわゆるグリーン感に寄与するにおいが多く存在するが，成熟が進むにつれて減少する。一方，リナロールおよびラクトン類は熟度が進むにつれて増加することが報告されている。

③ メロン（*Cucumis melo*）　ウリ科キュウリ属に属する一年生の蔓植物である。原産地はアフリカと推定され，その後，中近東を経由して西へ伝わり改良されたのが今日のマスクメロンを代表とするヨーロッパ系メロンであり，東へ伝わったのが東洋系のマクワウリといわれている。日本への渡来については，現存する最古の薬物辞典『本草和名』（平安時代）にマクワウリ，シロウリについての記述があり，古くに伝来したことは確かである。

メロン

第3章　香料

メロンのにおい成分については数多くの研究報告がなされており、現在では250種類以上が同定されている。におい成分量はエステル類が約90%以上を占め、そのほか、アルコール類やアルデヒド類、ケトン類、ラクトン類、脂肪酸類などから構成されている。

表3.6 メロンの主なにおい成分

主なにおい成分	特徴
酢酸2-メチルブチル, 2-メチル酪酸エチル	軽さと甘さのある新鮮感
酢酸ヘキシル, 酢酸(3Z)-ヘキサ-3-エニル, ヘキサン酸エチル	フレッシュなグリーン感, 果肉感
酢酸2-フェニルエチル, 酢酸ベンジル	華やかな甘いにおい, ボディ感
(6Z)-ノナ-6-エン-1-オール	ウリ科植物特有のグリーン感
酢酸3-(メチルチオ)プロピル, チオ酢酸S-メチル	熟した果肉感

エステル類は、トップノートに寄与する酢酸2-メチルブチルや2-メチル酪酸エチル、フレッシュなグリーン感や果肉感には酢酸ヘキシル、酢酸(3Z)-ヘキサ-3-エニル、ヘキサン酸エチル、ミドルノートからラストノートにかけてのフローラルな甘さやボディ感（厚み）に貢献している酢酸2-フェニルエチル、酢酸ベンジルなどが主な成分となっている。

また、アルデヒド類やアルコール類は、メロンのにおいを特徴づけるうえで重要な役割を担っている。特に(6Z)-ノナ-6-エン-1-オールを代表とする炭素数9個の化合物は、ウリ科植物特有のグリーン感をもち、自然なメロンのにおいに寄与する重要な成分となっている。さらに、酢酸3-(メチルチオ)プロピルやチオ酢酸S-メチルといった含硫化合物も、その存在量はごくわずかであるが、メロンの熟した果肉感を表現するのに欠かせない成分である。そのほか、ラクトン類や脂肪酸類も微量ではあるがラストノートの甘さやボディ感に寄与していると考えられる。

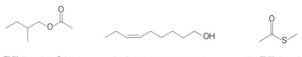

酢酸2-メチルブチル　　　(6Z)-ノナ-6-エン-1-オール　　　チオ酢酸S-メチル

メロンは収穫後，追熟することで「食べ頃」になるフルーツである。温室メロンでは熟度が進むことで果皮が青緑色からやや黄色に変化し，あの独特なにおいとなめらかな果肉が形成される。また，におい成分量も大きく増大し，特に酢酸2-メチルブチルや酢酸エチルなどのエステル類が増加する。

④**ブドウ** ブドウ科ブドウ属の木本性の蔓植物（*Vitis*属）である。きわめて環境適応性のある果樹で，世界中で広く栽培されている。現在，世界で栽培されている品種はヨーロッパ系ブドウ，アメリカ系ブドウおよび欧米雑種の三系統に大別される。

ブドウ

ブドウのにおい成分については多くの研究がなされ，現在では500種類以上が同定されているが，品種により成分組成は大きく異なっている。

アメリカ系ブドウはエステル類の含有量が高く種類も多い。なかでもアントラニル酸メチルは，狐臭と呼ばれる独特のにおいに寄与するアメリカ系ブドウの特徴成分であることが古くから知られている。また，(2*E*)-ヘキサ-2-エン酸エチル，(2*E*)-オクタ-2-エン酸エチルなどの不飽和脂肪酸のエステル類は，ぬるっとした果肉感を与えている。さらに，甘くシャープなにおいをもつクロトン酸メチル，クロトン酸エチルもアメ

表3.7 ブドウの主なにおい成分

主なにおい成分	特徴
アントラニル酸メチル	狐臭と呼ばれる独特のにおい，アメリカ系ブドウの特徴成分
(2*E*)-ヘキサ-2-エン酸エチル，(2*E*)-オクタ-2-エン酸エチル	ぬるっとした果肉感
クロトン酸メチル，クロトン酸エチル	甘くシャープなにおい
3-(メチルチオ)プロピオン酸エチル	完熟感
フラネオール	カラメルのような甘いにおい
ヘキサノール，(2*E*)-ヘキサ-2-エン-1-オール，(3*Z*)-ヘキサ-3-エン-1-オール，(2*E*)-ヘキサ-2-エナール	フレッシュなグリーン感
ゲラニオール，ネロール，リナロール，β-イオノン，ローズオキシド	華やかでフローラルなにおい

リカ系ブドウを特徴づける重要なにおい成分となっている。また，3-(メチルチオ)プロピオン酸エチルなどの含硫化合物の存在量はわずかであるが完熟感に大きく寄与している。そのほか，フラネオールなどのフラノン類は，ややカラメルのような甘いにおいに貢献する成分として報告されている。

　一方，ヨーロッパ系ブドウは，エステル類の含有比率が比較的少ないが，そのなかでは飽和脂肪酸のエステルが主体となっている。アルコール類，アルデヒド類，ケトン類，オキシド類が多種含まれることがアメリカ系ブドウとは異なる点である。アルコール類としては，ヘキサノール，(2E)-ヘキサ-2-エン-1-オール，(3Z)-ヘキサ-3-エン-1-オールがフレッシュなグリーン感に寄与している。また，ゲラニオール，ネロール，リナロールなどは，マスカット系ブドウの華やかなフローラル感に寄与する重要なにおい成分である。アルデヒド類では，ヘキサナール，(2E)-ヘキサ-2-エナールなどがフレッシュなグリーン感に貢献する成分として挙げられる。ケトン類では，閾値の低いβ-イオノンが同定されており，華やかなにおいに寄与していると考えられる。ローズオキシドはバラのようなフローラル感を付与する成分である。

　このようにブドウのにおい成分はアメリカ系ブドウとヨーロッパ系ブドウで大きく異なっており，巨峰を代表とする交配品種においては，それぞれの親の特徴を受け継いでいることが明らかとなっている。

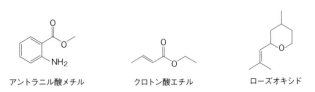

アントラニル酸メチル　　　　クロトン酸エチル　　　　ローズオキシド

⑤リンゴ(*Malus pumila*)　バラ科リンゴ属の高木性落葉果樹で，ヨーロッパとアジアに20種類以上，アメリカには約10種類あるとされ，食用に栽培されるのはすべてセイヨウリンゴである。セイヨウリ

ンゴ（以下，リンゴ）の原産地は諸説あるが，コーカサス地方から西アジアあるいは中央アジアの山岳地帯とする説が有力である。

リンゴ

日本にリンゴが初めて導入されたのは1871年（明治4年）のことである。その後，国内で育成された品種および諸外国から輸入した品種は，命名されたものだけでも2,000種類以上にのぼる。現在，国内市場で流通しているものは40種類程度であり，「ふじ」「つがる」「ジョナゴールド」「王林」などが代表的な品種として挙げられる。

リンゴのにおい成分については数多くの報告があり，現在では400種類以上が同定されている。リンゴのにおいを特徴づける成分としては，フレッシュな果肉感とグリーン感を与える(2E)-ヘキサ-2-エナールと酢酸ヘキシルが挙げられる。そのほか，ヘキサナール，ヘキサノールといった炭素数6個の化合物が未熟な果実や果皮のようなにおいに寄与している。さらに，トップノートの軽さと甘さのある新鮮感をイメージする酢酸ブチル，酢酸2-メチルブチル，酪酸エチル，2-メチル酪酸エチル，しっかりとしたボディ感を与えるヘキサン酸ヘキシルなどが加わってリンゴのにおいが構成されている。

表3.8 リンゴの主なにおい成分

主なにおい成分	特徴
(2E)-ヘキサ-2-エナール，酢酸ヘキシル	フレッシュなグリーン感
ヘキサナール，ヘキサノール	リンゴの皮のようなにおい
酢酸ブチル，酢酸2-メチルブチル，酪酸エチル，2-メチル酪酸エチル	軽さと甘さのある新鮮感
ヘキサン酸ヘキシル	ボディ感，グリーン感
ブタノール，イソアミルアルコール	未熟な果実のにおい

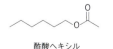

酢酸ヘキシル

ヘキサノール

ヘキサナール

また、品種間によるにおいの差が比較的はっきりしているのもリンゴの特徴である。黄色リンゴの代表である「王林」は、2-メチル酪酸エチルや酪酸エチルがその特徴を表す重要なにおい成分になっている。一方、酸味が強く爽やかな味わいの「紅玉」は、ブタノール、イソアミルアルコールなどのアルコール類の割合が高く、他の品種に比べると甘味や完熟感が少ないにおいとなっている。

iii) トロピカルフルーツ　トロピカルフルーツとは熱帯から亜熱帯にかけて分布する果樹で、バナナ、パイナップル、マンゴー、パッションフルーツなどが挙げられる。ここではマンゴーとパイナップルについて紹介する。

① マンゴー (*Mangifera indica*)

マンゴー

ウルシ科マンゴー属の常緑の高木で、トロピカルフルーツの女王とされ、北インドとマレー半島が原産と考えられる。インドでは4000年以上前から栽培されていたとされる。世界中の栽培品種は600種以上といわれ、インド産のアルフォンソ種、フィリピン産のカラバオ種、メキシコ産のケント種などが代表的である。日本では沖縄県を中心にアーウィン種の栽培が最も盛んである。2006年に日本への生果の輸入が解禁されたアルフォンソ種は「マンゴーの王様」と呼ばれるほど質の高い品種である。

マンゴーのにおい成分は品種により異なるが、これまでに300種類以上のにおい成分が報告されている。主なにおい成分は、3-カレン、テルピノレン、リモネンなどのテルペン系炭化水素類であり、酪酸エチル、酢酸エチルなどのエチル

表3.9　マンゴーの主なにおい成分

主なにおい成分	特徴
酪酸エチル	軽さと甘さのある新鮮感
酪酸	フルーツの酸っぱいにおい
(3*Z*)-ヘキサ-3-エン-1-オール	フレッシュな青葉のようなにおい
ジメチルスルフィド	拡散性があるトロピカル感
γ-オクタラクトン	ココナッツのようなにおい

3-カレン　　テルピノレン　　ジメチルスルフィド　　酪酸　　　　　ヘキサン酸

エステルを主体としたエステル類が多く含有されている。また，他のフルーツと比較して酪酸，ヘキサン酸などの脂肪酸類が多いことが特徴である。

　カラバオ種のグリーン感には，(3Z)-ヘキサ-3-エン-1-オールとモノテルペン類が寄与しており，トロピカルフルーツのトップノートには微量に存在するジメチルスルフィドなどの含硫化合物が寄与している。一方，アルフォンソ種の重要なにおい成分としては，ココナッツやモモのようなにおいを有するγ-オクタラクトンに代表されるラクトン類がある。テルペン系炭化水素類も主成分で，フルーツに共通のエステル類，カルボニル化合物が見出されている。

②**パイナップル**(*Ananas comosus*)　パイナップル科アナナス属の多年草の果実で，茎は直立で30〜50cmほどの丈である。夏季に茎の頭部にこぶ状の塊ができ，これが熟してくると塊の頭部から再度，茎葉を伸ばす。果実は長円筒で重さは約1〜2kg，若い間は深緑色を呈し，熟すと黄色に変化する。原産地は中米および南米のブラジル北部で，現在では，全世界の熱帯，温帯地域に栽培地が広がっている。今日の主な産地は，コスタリカ，インドネシア，フィリピン，ブラジル，中国などである。栽培品種は100種以上もあるといわれ，主な品種にスムースカイエン，クイーン，スパニッシュなど

表3.10　パイナップルの主なにおい成分

主なにおい成分	特徴
2-メチル酪酸エチル	軽さと甘さのある新鮮感
ヘキサン酸エチル，ヘキサン酸メチル	黄色い果肉感
3-(メチルチオ)プロピオン酸メチル	甘い完熟感
フラネオール	完熟した甘いにおい

3-(メチルチオ)プロピオン酸メチル
(パイナップルメルカプタン)

第3章　香料

がある。

におい成分としては270種類以上が知られている。エステル類が多く、特にヘキサン酸メチル、ヘキサン酸エチルを代表とする脂肪酸のメチルおよびエチルエステル類が重要なにおい成分である。含硫化合物の3-(メチルチオ)プロピオン酸のエチルおよびメチルエステルが含まれており、特にメチルエステルはパイナップルメルカプタンと称し、甘い完熟感を与える。また、完熟したパイナップルの甘いにおいに貢献する成分としてフラネオールが挙げられる。

B. バニラ

バニラは、現在のメキシコ南東部ベラクルス州周辺を原産地とするラン科バニラ属の蔓性の植物である。バニラ属の品種は約200種類ほどあるが、商業的に利用されているのはブルボン種（*Vanilla planifolia*）とタヒチ種（*Vanilla tahitensis*）の2種のみである。食品用には主にブルボン種が用いられ、供給量も95%以上にのぼる。

収穫直前のバニラビーンズ

バニラがヨーロッパに紹介されたのはコロンブスの新大陸発見以降で、スペインのコルテスが1526年にアステカ王国から略奪した大量の金とともに持ち帰ったのがはじまりとされる。1836年に長年の懸案であった受粉のメカニズム（メキシコにしかいないメリポナというハチが媒介）が解明されて人工受粉が可能となり、バニラの栽培は高温多湿な熱帯地方に広まった。現在ではマダガスカル、インドネシア、パプアニューギニアなどが主な産地となっている。

バニラビーンズは収穫時は長さ15cm前後の細長い緑色をした莢状（さやじょう）でにおいはない。しかし、これがキュアリングと呼ばれる熟成工程を経ると、バニラ独特の風味が発生する。キュアリングはマダガスカルの場合、湯漬・発汗、天日乾燥、陰干し、熟成という工程に大きく分けられる。キュアリングには全工程で約半年間を要し、ほとんどが手

作業で行われる。このキュアリングを終えたバニラビーンズは長さ、外観、色（水分含量）などにより分類され、箱詰めされ出荷される。

収穫 → 湯漬・発汗 → 天日乾燥 → 陰干し → 熟成 → 出荷

キュアリングを終えたバニラビーンズには約2％のにおい成分が含まれている。キュアリング工程で前駆物質（プリカーサー）の配糖体よりバニリンをはじめとするフェノール類が生成される。におい成分は200種類以上の存在が知られているが、量的にも質的にもフェノール類が重要で全体の90％以上を占める。なかでもバニリンは単一物質でもバニラのにおいを想起させる最も重要なにおい成分である。

キュアリング後のバニラビーンズ

ブルボン種におけるバニリン以外の主要成分は、4-ヒドロキシベンズアルデヒド、(4-ヒドロキシベンジル)メチルエーテル、酢酸などがある。また、微量成分である4-メチルグアイアコール、2-フェニルエタノールなどの成分もバニラのにおいに大きく寄与している。一方、タヒチ種においてはバニリンの含量が比較的少なく、アニスアルコール、アニスアルデヒド、アニス酸などの成分含有量が高いことが特徴である。

香味特性（バニラの場合、乳製品などに添加して口に含んだときに感じるにおいと味）も、甘くまろやかなブルボン種に比べ、タヒチ種

表3.11　バニラの主なにおい成分

主なにおい成分	特徴
バニリン	バニラ特有の甘さ
4-メチルグアイアコール	燻製のようなにおい
桂皮酸メチル	マツタケのようなにおい
2-フェニルエタノール	バラのようなにおい
アニスアルデヒド	桜餅のようなにおい

アニスアルデヒド

第3章　香料

は華やかでややフローラルな特徴をもち,際立った違いを示している。バニラビーンズは直接口に入れることはなく,通常,含水エタノール溶液でにおい成分を抽出した天然香料であるバニラエキストラクト（エキス）として調製され,フレーバーに使用される。

C. コーヒー

コーヒーは世界三大嗜好飲料のひとつである。乾燥した生豆を焙煎した後に粉砕し,熱湯で抽出したものが飲料となる。したがって,生豆の品質と焙煎がコーヒーのにおいを決定づける。コーヒー豆は,アフリカ原産のアカネ科コーヒーノキ属（*Caffea*属）の高木の実の種子である。ブラジル,中南米,エチオピア,ベトナムといった一定の気候条件,立地条件が満たされた国で栽培されており,産地特有の風味を有する。品種はアラビカ種とカネフォラ種（ロブスタ種）の二大品種が存在する。アラビカ種は病虫害に弱く栽培が難しいとされるが,バランスのよい優れたにおいはカネフォラ種の比ではなく,高品質のレギュラーコーヒーとして高価格帯で取引されている。一方で,比較的安価であるカネフォラ種は,インスタントコーヒーの原料やブレンドコーヒーの一部に用いられる。特徴として,成長が早く病虫害に強いとされるが,土や薬品のような香味が強く,品質の低さは否めない。

コーヒーのにおいの差を決定づけるもうひとつの重要な要因として焙煎があり,焙煎度合いによりにおいが大きく異なる。焙煎度合いは大別すると焙煎時間の短いほうから浅焙煎,中焙煎,深焙煎の三段階に分けられる。においのイメージとしては,浅焙煎は酸臭やグリーン感が強く,中焙煎になるとカラメルのような甘い香味が現れ,深焙煎では香ばしさや苦味を伴ったロースト香が強くなる（図3.6）。いずれにしても,私たちが慣れ親しんでいるコーヒーから漂う香りは,生豆そのもののにおいではなく,焙煎後の香りということになる。

コーヒー生豆中には,におい成分の前駆物質としてさまざまな成分がある。例えば,脂質,糖質,タンパク質,アミノ酸,クロロゲン酸,カフェイン,トリゴネリンなどが挙げられる。これらの成分が焙

[生豆] 青臭い、生米のようなにおい。

[5分] 水分が抜け、濃緑色から薄緑色へ。においの変化なし。

[12分] 黄土色から薄い茶色に。豆の収縮がはじまる。稲藁を燃やしたようなにおい。

[17分] 体積が最も小さくなっている状態。においの質が変わりはじめる。

[21分] 香ばしい甘いにおいが漂い、豆の色もだんだんコーヒー色に。チョコレートのようなにおい。

[24分30秒] においが強くなり、豆の表面を覆っていた黒いシワが少しずつ消えていく。焦げたにおいが目立ってくる。

[28分20秒] 煎り止め。素早く冷却箱に取り出す。香ばしく、ほのかに甘さのあるにおい。

[できあがり] 味と香りが豊かな深焙煎完了。

図3.6 焙煎の工程（深焙煎の場合）

煎という工程を経て多くのにおい成分となるのである。一般的に浅焙煎は味として酸味が強く、深焙煎になるにつれて苦味が強くなる。これは、酢酸など酸味に寄与する成分は焙煎時に比較的早く生成し、苦味を感じさせるにおいとして、フェノール類や含窒素化合物であるピラジン類などが遅く生成することに由来する。また、中焙煎から深焙煎にかけての特徴的なカラメルのような甘いにおいは、糖質とアミノ酸のメイラード反応により生成するフラン系化合物による（4.4節参照）。アラビカ種はカネフォラ種と比べてにおいの質が優れていて、特に顕著な差として甘さが挙げられる。これは、アラビカ種のほうが糖質を多く含み、加熱生成物であるフラン系化合物などの割合が多いためである。

このようにして生成されるコーヒー中のにおい成分は、現在では800種類以上が明らかになっていることから、いかにコーヒーのにおいが多成分で構成され、複雑かがわかる。

例えば、トップノートの軽い甘さに寄与する成分としては2-メチルブタナール、ペンタン-2,3-ジオンなど、逆にラストノートの重い甘さにはシクロテン、バニリンなどが寄与している。また、ロースト香に寄与する成分としては、ピラジン類、ピリジン類などの含窒素

化合物や（フラン-2-イル）メタンチオール，（フラン-2-イルメチル）メチルスルフィドといった含硫化合物が挙げられ，特に閾値の低い含硫化合物のいくつかは，最も重要なにおい成分と考えられている。

表3.12 コーヒーの主なにおい成分

主なにおい成分	特徴
2-メチルブタナール	シャープなトップノート
ペンタン-2,3-ジオン	バターのようなにおい
シクロテン	カラメルのような甘いにおい
バニリン	バニラのようなにおい
（フラン-2-イル）メタンチオール	刺激的な焦げたにおい
（フラン-2-イルメチル）メチルスルフィド	焦がしたタマネギのようなにおい

コーヒーのにおいは，多くの成分が複雑なバランスにより構成されており，単独のにおい成分でコーヒーの特徴を有するものはないといわれている。一方でその奥深さゆえに現在までコーヒーについての数多くの研究結果が報告され，今でも研究者を魅了してやまない。

D. チョコレート

チョコレートの主原料カカオ豆は，アオイ科カカオ属の常緑樹（*Theobroma cacao*）から採れる果実の種子である。中央・南アメリカを原産地とし，高温多雨の地域で育つ熱帯植物で，現在は西アフリカ，東南アジア，中南米で栽培されている。

カカオ豆とチョコレート

カカオの果実は長さ20cmくらいのラグビーボールのような形をしている。カカオ豆は，果実のまわりのパルプと呼ばれる白い果肉ごと取り出し発酵させることでにおいの前駆物質が生成される。約1週間の発酵後，乾燥させた豆が各消費国へ出荷される。

カカオ豆は，まずゴミや悪い豆を取り除き，粉砕分離してカカオニブ（胚乳部分）を得る。次に105～150℃程度の温度で焙炒（ロースト）する。この「焙炒」がにおい形成の重要な工程であり，豆の発

酵過程で生じた前駆物質が加熱によってさまざまな化学反応を起こし，チョコレートのにおい成分が生成する。

カカオニブを細かく磨砕すると全体がペースト状になる。これをカカオマスといい，圧搾（プレス）して得られる油がココアバター，残渣を粉砕して得られるのがココアパウダーである。

カカオ豆 ➡ 選別 ➡ 粉砕分離 ➡ 焙炒 ➡ 磨砕 ➡ カカオマス

チョコレートはカカオマス，砂糖，ココアバターから主につくられ，ミルクチョコレートの場合はさらに粉乳などの乳製品が加えられる。

ローストしたカカオ豆中にはさまざまなにおい成分が含まれており，380種類以上が同定されている。主な成分として軽いトップノートを与えるイソバレルアルデヒドなどの低級脂肪族アルデヒド類，発酵に由来する酢酸などの低級脂肪酸類やペンタン-2,3-ジオン，アセトイン，焙炒によって生成，特有のロースト感をもつ多種のピラジン類，花を思わせるにおい成分のリナロール，2-フェニルエタノールなどである。焙炒によって生じる香ばしいにおいは，メイラード反応が寄与することが知られているが，複雑なにおい成分の生成経路は十分に解明されていない。

表3.13　焙炒カカオ豆の主なにおい成分

主なにおい成分	特徴
イソバレルアルデヒド	チョコレート特有の軽いにおい
酢酸	酢のようなにおい
ペンタン-2,3-ジオン	バターのようなにおい
アセトイン	ヨーグルトのようなにおい
2-エチル-3,5-(または6)-ジメチルピラジン	ローストアーモンドのようなにおい
リナロール	スズランのようなにおい
2-フェニルエタノール	バラのようなにおい

2-エチル-3,5-ジメチルピラジン

E. 茶類

茶樹はツバキ科ツバキ属の常緑樹で，葉や茎を加工してさまざまな茶がつくられる。加工方法は多種多様で，生の茶葉に含まれる酸化酵

素の働かせ方（発酵）が，におい成分の生成に大いに関与している。

茶樹には，中国，日本で栽培されている常緑低木（*Camellia sinensis*）とインド，スリランカなどで栽培されている高木のアッサムチャ（*Camellia sinensis* var. *assamica*）という変種がある。一般的には葉の大きさで分類し，中国の西南部，雲南省から四川省の丘陵地を原産とする中葉茶に対して，東へ産地が広がるに従い小葉化したものを小葉種と呼ぶ。一方，インド・アッサムで発見されたアッサムチャは，大葉種と分類されている。

生の茶葉をできるだけ速やかに加熱（殺青）し，酵素を失活させてつくったものが緑茶（不発酵茶）で，細胞を壊さず，酵素反応をゆっくりと進めて（萎凋と揺青），殺青してつくったものを烏龍茶（半発酵茶），細胞を破壊して完全に酵素反応させてつくったものが紅茶（発酵茶）である。また，茶葉のもつ酵素による発酵とは別に，微生物を作用させてつくったものを黒茶（微生物発酵茶）という。茶には，多くのにおい成分が存在しており，現在で

表3.14 茶類の主なにおい成分

主なにおい成分	特徴
(3*Z*)-ヘキサ-3-エン-1-オール	青葉のようなグリーンなにおい
ジメチルスルフィド	海苔のようなにおい
β-イオノン	スミレのようなにおい
3-メチルノナン-2,4-ジオン	緑茶特有のグリーンなにおい
インドール	ジャスミンのようなにおい
ジャスモン酸メチル	ジャスミンのようなにおい
リナロール	スズランのようなにおい
ゲラニオール	バラのようなにおい
ホトリエノール	マスカットのような爽やかなにおい
サリチル酸メチル	清涼感のあるにおい
β-ダマセノン	ハチミツのような甘いにおい
2-フェニルエタノール	バラのような甘いにおい
ヘプタ-2,4-ジエナール	シナモンのようなにおい
オクタ-1-エン-3-オール	キノコ類のにおい

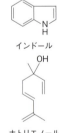

インドール　　ジャスモン酸メチル

ホトリエノール　　サリチル酸メチル

β-ダマセノン　　オクタ-1-エン-3-オール

は700種類以上見出されている。表3.14に代表的なにおい成分を示す。

ⅰ）緑茶（不発酵茶）　煎茶や抹茶など日本でつくられている緑茶のほとんどは，蒸気で蒸すことにより殺青した蒸青緑茶である。これらの緑茶の代表的なにおい成分には，青葉のようなにおいの(3Z)-ヘキサ-3-エン-1-オール，海苔のようなにおいのジメチルスルフィド，スミレのようなフローラル感のあるβ-イオノン，グリーン感のある3-メチルノナン-2,4-ジオンなどが存在している。一方，中国でつくられる龍井茶などの緑茶は，釜で炒って殺青することから蒸青緑茶に比べて爽やかな香ばしさがある。

ⅱ）烏龍茶（半発酵茶）　烏龍茶には，発酵度の違うさまざまな茶があり，代表的なものに低い発酵度の文山包種茶（台湾）や中程度発酵の安渓鉄観音，武夷岩茶（中国・福建省），鳳凰単樅（広東省）などがある。また，高発酵の烏龍茶としては東方美人茶（台湾）が有名である。

　中国・福建省でつくられる高級な烏龍茶には，花を連想させるフローラル感のあるにおい成分として，インドール，ジャスモン酸メチル，リナロール，ゲラニオールなどが存在している。東方美人茶は，特にウンカやヨコバイといった昆虫により噛まれた葉が熟成することで芳香を発するようになった加害茶葉を原料にしてつくられ，マスカットのようなにおいのホトリエノール（3,7-ジメチルオクタ-1,5,7-トリエン-3-オール）が多く存在する。

ⅲ）紅茶（発酵茶）　紅茶は完全に発酵しており，においも強く，世界で最も多く飲まれている茶である。特にインド東北部のダージリン，スリランカのウバ，中国・安徽省のキーモンが世界三大紅茶とされている。ダージリンは摘採時期により「ファーストフラッシュ」「セカンドフラッシュ」「オータムナル」の3つに分類されている。特に5月中旬から7月中旬にかけて摘採されるセカンドフラッシュは「マスカテルフレーバー」と呼ばれる卓越した芳香が特徴となっている。このマスカテルフレーバーは東方美人茶と同じくマスカットのようなホトリエノールをはじめ，華やかな特徴に寄与するリナロールやゲラニ

オールに加えてさまざまな微量成分も含む複雑で強いにおいをもつ。ウバには、独特な清涼感があり、サリチル酸メチルが特徴となっている。キーモンには、ランの花やハチミツのような甘いにおいがある。

紅茶の代表的なにおい成分には、烏龍茶にも見出されているフローラルノートに加え、ハチミツやバラのような甘いにおいであるβ-ダマセノンや2-フェニルエタノールなどがある。

iv) 黒茶（微生物発酵茶）　代表的なものには普洱茶があり、においの特徴は中国では陳香（熟成したにおい）と表現されている。代表的なにおい成分として、シナモンのようなにおいのヘプタ-2,4-ジエナール、キノコのようなにおいのオクタ-1-エン-3-オール、フローラルなリナロール、薬品のようなにおいとも表現されるフェノール類などがある。

茶類4種　（例）左より緑茶、烏龍茶、紅茶、黒茶

F. 乳製品

乳製品には、牛乳をはじめクリームやバター、チーズ、ヨーグルト、さらに練乳や粉乳などがある。牛乳は生乳を加熱殺菌して製造され、牛乳から分離した乳脂肪はクリームやバターの製造に用いられる。チーズは牛乳に乳酸菌と酵素を作用させて製造され、熟成のためカビなどの微生物を作用させることもある。ヨーグルトは乳酸菌の発酵により製造される。

乳製品

乳製品のにおいは、牛乳の主成分であるタンパク質、脂質、糖質が

もととなり，製造過程
の加熱殺菌や発酵，熟
成中にそれらが変化し
て生成している。乳製
品からは500種類以
上のにおい成分が見出

表3.15　乳製品の主なにおい成分

主なにおい成分	特徴
ジメチルスルフィド	海苔のようなにおい
δ-デカラクトン	甘くクリーミーなにおい
酪酸	特徴的なチーズのようなにおい
ノナン-2-オン	特徴的なブルーチーズのようなにおい

されており，主なにおい成分は乳製品間で共通しているものが多い。
乳製品それぞれのにおいの特徴には，主なにおい成分のバランスの違
いが大きくかかわっている。

ⅰ）牛乳　一般に流通している牛乳は品質保持のため加熱殺菌されて
いる。もともと搾乳直後のにおいは強くなく，牛乳特有の香りは殺菌
時の加熱によって形成される。におい成分としては，ジメチルスルフ
ィドや酪酸，δ-デカラクトンなどが挙げられる。

ⅱ）バター　バターは，牛乳から遠心分離機を用いてクリーム（脂肪
分）を分離冷却し，チャーニングという工程で激しく撹拌して脂肪分
を凝集させる。この脂肪分を取り出し，練り上げたものがバターとな
る。バターの香りは牛乳に似ているが，トップノートに寄与するジメ
チルスルフィドは比較的少なく，ベースノートのδ-デカラクトンな
どの寄与が大きくなる。欧米では原料のクリームを発酵させて製造す
る発酵バターも多く消費されており，これには発酵により生成する特
有のにおいがある。

ⅲ）チーズ　チーズは，まず乳に乳酸菌スターターを加えて発酵さ
せ，次に凝乳酵素レンネットを作用させてカードと呼ばれる固まりを
つくらせる。このカードから液体であるホエーを除き，加塩，熟成さ
せるとチーズになる。原料には牛乳のほか山羊や羊などの乳も用いら
れ，さらにカビなど微生物による熟成を経て何百種ものチーズがつく
られている。熟成過程の違いはチーズのにおいを特徴づけ，青カビを
作用させるブルーチーズではノナン-2-オン，白カビチーズのカマン
ベールには第2アルコール類，硬質チーズのエメンタールにはプロピ
オン酸が多く含まれる。

第3章　香料

81

G. 酒類

酒類とは酒税法においてアルコール分1度以上を含む飲料をいう。その分類は図3.7で示すように，製造方法により醸造酒，蒸留酒，混成酒の3つのタイプに大別でき，さらに原材料により細分される。酒の基本は醸造酵母によるアルコール発酵である。

酒類のにおい成分は原料に由来するもの，発酵時に酵母がつくり出すもの，熟成によって生じるものなどさまざまな要因があり，これらが一体となり各酒類特有のにおいを形成している。

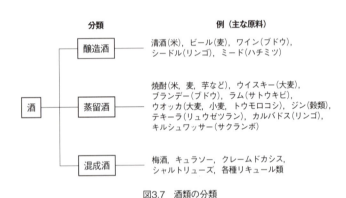

図3.7　酒類の分類

におい成分としては，ワインは840種類以上，ビールは620種類以上，ウイスキーは330種類以上が同定されており，表3.16は各酒類に共通して見出される主な成分の一部である。

表3.16　酒類の主なにおい成分

主なにおい成分	特徴
イソアミルアルコール	酒類特有のにおい
2-フェニルエタノール	バラのようなにおい
酢酸	酢のにおい
酪酸	チーズのようなにおい
アセトイン	ヨーグルトのようなにおい
イソバレルアルデヒド	チョコレートのようなにおい
ヘキサン酸エチル	パイナップルのようなにおい
酢酸2-フェニルエチル	ハチミツのようなにおい
メチオノール	ジャガイモのようなにおい

i）**醸造酒**　穀類やイモ類のデンプン質の糖化物や果汁，糖蜜などを原料としたもので，原料由来のにおいがよく残っている。清酒のにおい

は，原料にも由来するが，デンプンをブドウ糖に分解する麹菌とブドウ糖を発酵する酵母により生成する。いわゆる吟醸香は，バナナやパイナップルのようなにおいである酢酸イソアミルやヘキサン酸エチルなどのエステル類が寄与しており，雑味のないにおいをつくり出すために玄米を40％以上削り，タンパク質や脂肪を排除し，苦味や渋味といった清酒には不要な味の生成も抑制している。

　ワインは原料であるブドウの個性が色濃く反映される酒である。品種によって特徴的なにおいをもつものがあり，例えば，カベルネソーヴィニオンの青ピーマン香といわれる2-イソブチル-3-メトキシピラジンや，ソーヴィニオンブランのカシスのようなにおいといわれる4-メチル-4-スルファニルペンタン-2-オンなどが知られている。

ii）蒸留酒　醸造酒を蒸留器に入れて加熱・蒸留し，揮発成分を捕集した後，適切な期間熟成を経た酒で，焼酎やウイスキー，ラムなどがある。蒸留には単式蒸留と連続式蒸留があるが，風味が複雑になるのは前者である。蒸留酒のにおい成分はもともと醸造酒にある成分に加え，蒸留時に加熱によって生じるメイラード反応物や熱分解物，熟成に従って生じるアセタール類などの緩やかな酸化反応物などである。また，熟成時に樽を使用すると，バニリンやウイスキーラクトン（3-メチルオクタノ-4-ラクトン）など樽材に由来するにおいも酒に移る。

iii）混成酒　醸造酒や蒸留酒に草根木皮やフルーツ，香辛料，色素，砂糖などを漬け込み，その成分を浸出させてつくるもので，リキュールともいう。焼酎やブランデーにウメ，砂糖を漬け込んだ梅酒は家庭で簡単に楽しむことができ，特有のマイルドで甘さのある風味は人気が高い。ウメの果肉や種子に含まれるラクトン類やエステル類などのさまざまなにおい成分が熟成とともにエタノールで抽出される。

H. ミント

　シソ科ハッカ属の多年草（*Mentha*属）を主とする草本の総称をミントという。今日，大規模に商業栽培が行われ，香料原料として欠かせないミントは，ペパーミント・スペアミント・ハッカである。香

表3.17 各種ミントの精油

植物名	学名	主なにおい成分
ペパーミント	Mentha piperita	ℓ-メントール（35〜45%） ℓ-メントン（15〜25%） 酢酸ℓ-メンチル（3〜10%）
スペアミント	Mentha spicata（ネイティブ種） Mentha gentilis（スコッチ種）	ℓ-カルボン（60〜70%）
ハッカ	Mentha arvensis	ℓ-メントール（65〜85%）

料には，刈りとったミント全草を乾燥した後，水蒸気蒸留して得られる精油が主に利用される。

ⅰ）ペパーミント　チューインガムや歯磨き剤を代表とする清涼感を訴求する用途に広く利用され，世界中で最も嗜好性の高いミントである。商業栽培される品種はブラックミッチャム種で，古くからイギリス・ミッチャム地方で栽培されていたが，19世紀初頭にアメリカに渡り産業として開花，現在も生産量・品質ともにアメリカが世界における生産の中心である。

におい成分は300種類以上報告されており，その特徴的な清涼感，爽快なにおいの主成分はℓ-メントールで，精油中に約40%含有される。アメリカには五大湖周辺のミッドウエスト地方で生産される精油，太平洋岸北西部ファーウエスト地方のヤキマ（ワシントン州），ウィラメットおよびマドラス（オレゴン州），アイダホ（アイダホ州）などで生産される精油があり，それぞれにおい成分のバランスが異なる。また，このほかインドなどでも生産が行われている。

ⅱ）スペアミント　19世紀末から20世紀半ばにかけ，アメリカで開発された近代チューインガム，歯磨き剤の基礎となる製品のにおいづけにペパーミントとともに使用されてから大きく需要が増えたミントである。

野生種のネイティブ種と交配種のスコッチ種の二品種から採れる精油のにおいは官能的な違いがあるが，いずれも主なにおい成分はℓ-カルボンで，精油中に60%以上含有されている。ペパーミント同様，生産量・品質ともアメリカがリードしており，ミッドウエスト地方と

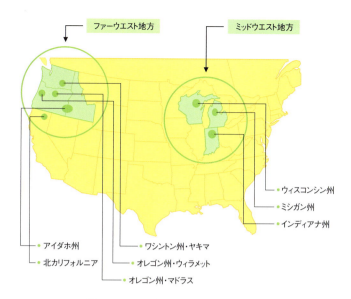

図3.8 アメリカ合衆国のペパーミント産地

ファーウエスト地方で生産されている（図3.8）。

ⅲ）ハッカ（俗称 Corn mint, Japanese mint）　他のミントと異なり，水蒸気蒸留して得た精油（取卸油）をそのまま調香に用いることはほとんどない。同じ l-メントールを主成分とするペパーミントの精油と比較し，口に含んだときのにおいが劣るとの評価から，もっぱら天然メントール生産に利用されてきた。天然メントールは l-メントールを高含有（65～85%）する取卸油を冷却し，l-メントールを結晶化・分離して製造される。結晶を分離した後の精油は脱脳油と呼ばれ，さらに蒸留精製して利用される。ハッカ生産は第二次世界大戦以前は日本が主産地であったが，その後，ブラジル，パラグアイ，台湾，中国へと移り，現在はインドが世界総生産量の大部分を占めている。

I. スパイス

スパイスの歴史は古く，古代エジプトではクミン，アニス，シナモ

ンなどがミイラの保存剤として，古代ギリシャではサフラン，タイム，コリアンダーなどが薬として用いられていた。また，多くの文明で神仏への捧げ物，食品の保存やマスキングなどさまざまな場面で使用され，スパイスは貴重なもの，高価な

スパイス類

ものとして扱われてきた。その後，大航海時代を経て，スパイスは原産地以外でも広く生産されるようになり，供給量が増え普及していった。一方，日本においては，風土に恵まれ，新鮮な食材を入手しやすい環境であったため，スパイスで食材を保存したりマスキングをする必要性は低く，また素材の風味を活かしてシンプルに味わう習慣が根付いていたので，あまりスパイスを多用する習慣はみられない。また日本人がスパイスと聞くと唐辛子やコショウのような辛さを付与するものを連想する人が多い。しかし，スパイスには辛味づけ以外にも風味づけ，着色，マスキング，矯臭作用（臭み消し）の役割がある。

各スパイスの特徴 多くのスパイスは特有のにおいがあり，料理の特徴づけや風味を複雑にし，厚みを付与することができる。よく使用されるスパイスの中から「世界四大スパイス」と呼ばれるコショウ，クローブ，シナモン，ナツメグを中心に特徴をみていこう。

①コショウ（ペッパー）(*Piper nigrum*)　インド原産のコショウ科コショウ属の蔓植物である。香りづけ以外にマスキング，辛味づけにも利用される。広く普及しているのは黒コショウと白コショウである。未熟な実を乾燥させた黒コショウはα-ピネン，β-ピネン，β-カリオフィレン，サビネンなどが主な成分で，香り立ちがよく爽やかな風味を付与できる。一方，完熟した実を水に浸漬し，剥皮乾燥させた白コショウは製造工程でにおい成分が多い外皮を除いてしまうためマイルドな風味になる。コショウの辛味成分としてピペリン，シャビシンが知られている。

②**クローブ**(*Syzygium aromaticum*)　インドネシア，モルッカ諸島原産のフトモモ科フトモモ属の常緑樹で，開花前の花蕾を乾燥させたものである。日本では丁子とも呼ばれる。防腐作用，マスキング作用があるオイゲノールやβ-カリオフィレンが主成分である。肉料理と相性がよく，またカレー粉やソース，中国のミックススパイスである五香粉の素材としても知られている。

③**シナモン**(*Cinnamomum zeylanicum*)　スリランカ，インド原産のクスノキ科ニッケイ属の常緑樹の樹皮である。独特の甘みを有するシンナムアルデヒドやオイゲノールが主な成分で，ともに防腐作用がある。クローブ同様，カレー粉，ソース，五香粉の素材として使用する以外にもリンゴをはじめフルーツとの相性がよく，菓子やケーキなどにも用いられる。

④**ナツメグ**(*Myristica fragrans*)　モルッカ諸島原産のニクズク科ニクズク属の常緑樹の種子である。ミリスチシン，α-ピネン，β-ピネン，サビネンなどが主な成分である。挽き肉料理と相性がよく，またキャベツを加熱した際に生じる含硫化合物をマスキングする作用がある。

　これら世界四大スパイス以外にも，比較的なじみのあるスパイスをいくつか挙げる。煮込み料理によく使われるローレルは月桂樹とも呼ばれ，1,8-シネオールが主な成分で肉や魚の生臭さを和らげる作用がある。セロリは洋風スープをつくる際によく使われるが，セダネノリド，セダノリドなどのフタリド類のにおい成分を含有しており，それらの成分は料理の風味増強効果があるとされている。また，コリアンダーの葉は香菜あるいはパクチーとも呼ばれ，東南アジア料理には欠かせないスパイスである。主な成分は(2*E*)-デカ-2-エナールである。コリアンダーは種子もスパイスとして使用するが，においの質は葉と異なり，リナロールが主な成分で爽やかな風味を有している（表3.18）。

　このように個性豊かな風味を有するスパイスは，単独で使用するよりも複数のスパイスをミックスして使用することが多い。

表3.18 各スパイスの主なにおい成分

スパイス名	主なにおい成分
コショウ	α-ピネン，β-ピネン，β-カリオフィレン，サビネン
クローブ	オイゲノール，β-カリオフィレン
シナモン	シンナムアルデヒド，オイゲノール
ナツメグ	ミリスチシン，α-ピネン，β-ピネン，サビネン
ローレル	1,8-シネオール，リナロール
セロリ	セダノリド，セダノリド
コリアンダー（葉）	(2E)-デカ-2-エナール，リナロール
コリアンダー（種子）	リナロール，p-シメン

α-ピネン　　　　シンナムアルデヒド

　ミックススパイスは世界中に存在し，有名な例として七味唐辛子，ガラムマサラ，カレー粉，チリパウダー，五香粉などが挙げられる。これらすべてのミックススパイスに決まった配合はなく，使用する料理や風土などに応じて配合されている。

J. 肉類

　食肉には，牛肉，豚肉，鶏肉，羊肉などいろいろあるが，生で食べられることは稀で，多くは加熱調理して食す。生肉のにおいは弱く，一部，酸臭や血なまぐさいにおいを伴い，一般的に食欲をそそるようなにおいとはいいがたい。一方，

肉料理

加熱調理された食肉は，調理過程でおいしそうなにおいが形成される。これは，生肉中のさまざまな成分が加熱により複雑な化学的変化を起こすことに起因する。主な要因としては，アミノ酸と糖質による

表3.19 肉類の主なにおい成分

主なにおい成分	特徴
2-メチルフラン-3-チオール	ローストミートのようなにおい
メチオナール	ジャガイモのようなにおい
デカ-2,4-ジエナール	脂肪のようなにおい
(フラン-2-イル)メタンチオール	コーヒーのようなにおい
2-エチル-3,5-ジメチルピラジン	ローストナッツのようなにおい
フラネオール	カラメルのようなにおい

2-メチルフラン-3-チオール

メイラード反応や脂肪の酸化分解があり、調理方法（焼く、煮る、油で揚げるなど）や調理温度、時間などの条件により形成されるにおい成分の組成が異なる。また、ハムやソーセージといった食肉加工品は、塩漬や燻煙処理の工程を経ることで独特のにおいが形成される。さらに、生肉にもともとある臭みを消して嗜好性を増やしたり、保存性を高めたりするためにコショウ、ニンニク、セージ、ナツメグといった香辛料が使用される。

加熱調理された食肉のにおい成分の研究は、1960年代以降に急速な進歩を遂げ、これまでに1,000種類以上のにおい成分が同定また推定されている。

表3.19の成分は、牛、豚、鶏のいずれの肉からも検出され、においの寄与度の高い成分として知られている。特に単独で肉のようなにおいを想起する2-メチルフラン-3-チオールは重要なにおい成分であり、チアミンの分解物として、またシステインとリボースの反応生成物として知られ、非常に閾値が低い物質である。

食肉の特徴的な成分についても研究されており、12-メチルトリデカナールが牛肉、硫化水素が鶏肉の特徴的な成分とされている。また、羊肉には上記の食肉には感じられない特有のにおいがあり、4-メチルオクタン酸や4-メチルノナン酸が寄与している。そのほか、食肉のにおい成分については多くの研究報告がある。

K. 魚介類

四方を海に囲まれた日本は、水産資源に恵まれており、日本人は多種多様な魚介類やその加工品をタンパク源として摂取し、これらのに

おいに非常に慣れ親しんでいる。

魚介類

生きている魚介のにおいは，一般的にあまり強くなく，むしろ無臭に近いが，漁獲直後からにおいは青臭くなり，(3*Z*)-ヘキサ-3-エナール，(2*E*)-ヘキサ-2-エナール，ノナ-2,6-ジエナールおよびノナ-2,6-ジエン-1-オールなどのにおい成分が生成する。これは魚体内部のリポキシゲナーゼおよびヒドロペルオキシドリアーゼといった酵素作用によりイコサペンタエン酸，ドコサヘキサエン酸などの高度不飽和脂肪酸から生成するものと考えられている。

魚介類は，新鮮な状態で食べる刺身などを除くと，多くのものは加工・調理されることにより食欲をそそるような特有のにおいを形成する。表3.20に代表的な魚介類およびその加工品の特徴的なにおい成分について示す。

魚の煮熟臭は魚の種類により異なるが，広く見出されている成分は，酢酸，プロピオン酸などの脂肪酸類，鎖状アミン類およびカルボニル化合物である。さらにはジメチルスルフィド，ジメチルトリスル

表3.20　魚介類の特徴的なにおい成分

魚介の種類	特徴的なにおい成分
魚（生）	(3*Z*)-ヘキサ-3-エナール，(2*E*)-ヘキサ-2-エナール，ノナ-2,6-ジエナール
魚（煮熟）	酢酸，プロピオン酸，鎖状アミン類，カルボニル化合物，ジメチルスルフィド，ジメチルトリスルフィド，メチオナール
カニ（煮熟）	ジメチルスルフィド，ジメチルトリスルフィド，メチオナール，ヘプタ-4-エナール，ノナ-2,6-ジエナール，ピラジン類
イカ（煮熟）	含硫アミン類，ピペリジン，アンモニア，トリメチルアミン
海苔	ジメチルスルフィド，硫化水素，メタンチオール
鰹節	2,6-ジメトキシフェノール，1,2-ジメトキシ-4-メチルベンゼン，1,2-ジメトキシ-4-エチルベンゼン，(5*Z*,8*Z*)-ウンデカ-1,5,8-トリエン-3-オール

フィド，メチオナールなどの含硫化合物が魚の煮熟臭の特徴となる。

日本の食卓においてとても人気が高いエビやカニは，生の状態よりも調理することで特徴的な風味を強く発現する。これは，油脂の酸化分解，アミノ酸類のストレッカー分解やアミノ酸と糖質のメイラード反応などによると考えられている。例えば，煮熟したカニの場合，カニ肉感には，油脂の酸化分解によるヘプタ-4-エナール，ノナ-2,6-ジエナール，メチオニンのストレッカー分解によるメチオナールなどが寄与し，調理感としてメイラード反応の結果生成されるピラジン類や含硫化合物の貢献度が高い。

また，イカを煮熟したときに発生する特有のにおいは一種の含硫アミンであり，そのほかピペリジン，アンモニア，トリメチルアミンも非常に貢献している。

日本の伝統食品のひとつで，広く親しまれている乾海苔のにおいは，硫化水素，メタンチオール，ジメチルスルフィドが特徴とされている。特にジメチルスルフィドは新鮮な海苔のにおいとしても重要な成分である。

鰹節は日本の代表的な水産加工食品のひとつであり，だし汁は日本料理に広く使用されている。鰹節は非常に多くの工程と歳月を経て製造されており，におい成分は複雑である。鰹節をつくる工程の中でも，特に「焙乾」と「カビ付け」において鰹節の特徴的なにおい成分が形成される。

焙乾工程では，もともとカツオの魚体には存在しなかった2,6-ジメトキシフェノールなどのフェノール類成分が燻煙処理によって木材から移行することにより，防腐効果のみならず，鰹節独特のにおいが付与される。一方で，鰹節のにおい成分の中で炭化水素類は鰹肉本来の成分であり，脂肪族アルコール類，アルデヒド類およびメチルケトン類の多くは，鰹肉中の不飽和脂肪酸から酸化により生成した成分と考えられる。脂肪酸類については，燻煙および鰹肉の両方に由来していると考えられる。

また，カビ付け工程では非常に上品なにおいを形成する。カビの作

用により，4-メチルグアイアコールおよび4-エチルグアイアコールなどのフェノール類がメチル化され，それぞれ1,2-ジメトキシ-4-メチルベンゼンおよび1,2-ジメトキシ-4-エチルベンゼンなどが生成し，また，カツオの油脂成分から（5Z,8Z）-ウンデカ-1,5,8-トリエン-3-オールなどの脂肪族高級アルコール類が生成する。そのほかにも数百成分が鰹節から検出されており，これらが複雑に組み合わさることで鰹節特有のにおいが形成されている。

L. 野菜

野菜は，生のまま，茹でる，炒める，焼く，蒸す，揚げるなど調理方法で素材の風味が変化する。キャベツは生のままでは青々しいにおいであるが，茹でるとそのにおいは弱まり甘いにおいが増し，炒めるとロースト感がでる。生のキャベ

野菜類

ツのにおい成分は（3Z）-ヘキサ-3-エン-1-オール，ヘキサノール，酢酸（3Z）-ヘキサ-3-エニルなど青葉のようなにおいをもった炭素数6個の化合物がにおい成分の8割弱を占めている。それ以外ではイソチオシアン酸アリルが重要なにおい成分である。茹でキャベツでは炭素数6個の化合物が生キャベツと比べると減少し，イソチオシアン酸アリルも減少する。一方，アルデヒド類，フラン類，インドール，メチオナールなどは増加する。炒めキャベツでは生や茹でキャベツと大きく異なり炭素数6個の化合物はほとんどなく，フルフラール，5-メチルフルフラール，（フラン-2-イル）メタノールなどのフラン類が大きく増加し，においは甘くロースト感がでる。これは野菜を少量の油脂を使い加熱するため，メイラード反応により生成することが知られている。

トマトも生や煮込んだピューレ，トマトケチャップなど加熱，加工

表3.21 生および調理キャベツの主なにおい成分

種類	主なにおい成分
生キャベツ	(3Z)-ヘキサ-3-エン-1-オール，ヘキサノール，酢酸(3Z)-ヘキサ-3-エニル，イソチオシアン酸アリル
茹でキャベツ	(3Z)-ヘキサ-3-エン-1-オール，ヘキサノール，酢酸(3Z)-ヘキサ-3-エニル，イソチオシアン酸アリル，(2E,4E)-ヘプタ-2,4-ジエナール (2E,4E)-デカ-2,4-ジエナール，フルフラール，インドール，メチオナール
炒めキャベツ	フルフラール，(2E,4E)-デカ-2,4-ジエナール，5-メチルフルフラール，(フラン-2-イル)メタノール，インドール

によってにおいが変化する。生トマトは(3Z)-ヘキサ-3-エナール，ヘキサナールなどの青葉のようなにおいのアルデヒド類，皮の渋み感を想起する2-イソブチル-

(2E,4E)-デカ-2,4-ジエナール

1,3-チアゾール，金属のような感じがするにおいで低濃度ではフレッシュなにおいをもつ(2E)-trans-4,5-エポキシデカ-2-エナールが重要なにおい成分である。一方，加熱トマトでは，青葉のようなにおいのアルデヒド類は減少し，加熱によるメイラード反応によりフラン類が生成し甘いにおいが増す。さらに海苔のようなにおいのジメチルスルフィド，クローブのようなにおいのオイゲノール，ジャガイモのようなにおいのメチオナール，チーズのようなにおいのイソ吉草酸が増加しにおいが変化する。

トウモロコシ（スイートコーン）を茹でたときの重要なにおい成分は加熱トマトでも挙げたジメチルスルフィドである。さらに甘く燻製のようなにおいの4-ビニルグアイアコールや甘いにおいのフラネオール，微量ではあるが貢献度が高いメチオナールなども重要なにおい成分である。

モヤシフレーバーは即席麺用途で大きな需要があり，2-sec-ブチル-3-メトキシピラジンなどのピラジン類がモヤシらしさを表す重要なにおい成分である。さらに，炒めたモヤシでは油由来のアルデヒド類などが増加する。

以上のように，におい分析技術により，ほとんどの食品のにおい成

表3.22　野菜の主なにおい成分

野菜の種類	主なにおい成分
生タマネギ	ジプロピルジスルフィド
炒めタマネギ	メチル（プロパ-1-エン-1-イル）ジスルフィド フラネオール，バニリン
生トマト	(3Z)-ヘキサ-3-エナール，ヘキサナール，2-イソブチル-1,3-チアゾール， (2E)-trans-4,5-エポキシデカ-2-エナール
加熱トマト	ジメチルスルフィド，オイゲノール，メチオナール，イソ吉草酸
茹でトウモロコシ	ジメチルスルフィド，4-ビニルグアイアコール，フラネオール，メチオナール
炒めモヤシ	2-sec-ブチル-3-メトキシピラジン，(2E,4E)-デカ-2,4-ジエナール

(2E)-trans-4,5-エポキシデカ-2-エナール　　　メチオナール　　　2-sec-ブチル-3-メトキシピラジン

分の研究，解明が進められている。この情報をもとにして，フレーバリストの技でフレーバーをクリエーションしていくことになる。

2. フレーバークリエーション

　前節では食品のにおいが実に多種多様なにおい成分から成り立っており，詳細に調べられていることを示した。ここからは，このにおい成分を使って，どのように香料を組み立てていくか，特徴をどう表現していくかということについてみていこう。

　フレーバーの開発は，化粧品や香水などに使用されるフレグランスとは異なり，フルーツや食品など，具体的にターゲットとするにおいを再現することが重要である。それ以外にも，天然には存在しないサイダーなどの炭酸のはじける感じを表現する香りを創作することもある。

　フレーバーを開発するためには，最低1,000種類以上もの天然香料および香料化合物のにおいや特性などの基礎知識が必要である。一人前のフレーバリストになるためには，天然香料や香料化合物のにおいを覚える香気訓練を行い，においに対してさまざまな表現ができるよ

うにトレーニングを積み重ねていく。さらには，鼻から直接嗅ぐにおいを覚えるだけではなく，実際に飲料，菓子，スープ用などに開発したフレーバーを添加し，口に含むことにより鼻に抜けるにおいを覚えることも重要である（5.2節参照）。

バランスのよいフレーバーを創るためには，最も軽いにおいのトップノートから重いにおいのラストノートまで，バランスよく組み合わせることが必要である。また，においとともに各香料原料の製法，物性，安定性，構造や各国法規，食品の原料特性，製造工程など幅広い知識が求められる。

フレーバー開発は，このような訓練を積んだフレーバリストがターゲットを明確に意識して，数品から数十品の香料原料を選び，イメージに合うフレーバーになるようにバランスを考えて組み立てていく。その原料の選択と組み合わせ方は無限にある。まず，イメージに描いた配合処方を実際に調合して香りを確認する。自分のイメージに沿ったフレーバーの完成まで，原料の選択を変更したり，配合比率を変えたりといった作業をくり返す。イメージするフレーバーができたら，次に基材（フレーバーが使われる飲食品）に賦香して香味を確認し，さらに調整して最終的な処方箋（香料の組み合わせの数値を記録したもの）を確立させる。これをフレーバークリエーションという。

加工食品に使用され，多くの人になじみ深いものから具体例を挙げ，そのクリエーションをみていこう。

A. フルーツフレーバーのクリエーション

フルーツフレーバーは，飲料，冷菓，チューインガム，キャンディなど広い用途に使用され，シトラスフルーツ，トロピカルフルーツ，その他のフルーツに大別される。クリエーションにあたっては対象とするフルーツにより使用する原料が異なる。ここではフルーツフレーバーとして対照的なシトラスフルーツとその他のフルーツのクリエーションについて取り上げる。

ⅰ）シトラスフレーバー　シトラスフレーバーの原料には主に柑橘類の果皮より得られる精油が用いられる。柑橘精油はそれ自体で自然な

フルーツのにおいをある程度再現している。

ピールオイル(左)とエッセンスオイル(右)

例えば、レモンの精油は果汁の搾汁時に得られるが、図3.9に示すように、果皮を圧搾して得られるピールオイル、果汁を濃縮する際に得られるエッセンスオイル、果皮の圧搾後の残渣を蒸留して得られるディスティレートオイルがある。これらのにおいの特徴としては、ピールオイルは果皮感が強く、エッセンスオイルはフレッシュな果汁感が強く、ディスティレートオイルはフレッシュな果皮感が特徴となっている。

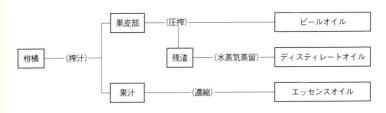

図3.9 シトラス系天然香料の製法と種類

以上のように精油は、採油法によりにおいが異なるが、原料果実の品種、産地により微妙な相違がみられる。フレーバリストは、これらの天然香料の特徴を熟知しクリエーションを行う。みずみずしいレモンの果汁感を表現する場合はエッセンスオイルやディスティレートオイルを中心に配合し、トップノートにフレッシュな果汁感を強化するためには酢酸エチルなどの香料化合物を配合する。

オレンジ、グレープフルーツなどのシトラスについても、主に天然香料を用い、強化したいにおいは香料化合物を配合してクリエーションされる。

ⅱ) その他のフルーツフレーバー　原料のひとつに天然香料である回収フレーバーがある。この回収フレーバーは大量に生産されているリ

ンゴやブドウの果汁から得ることができる。しかし，その種類は多くない。したがって，天然香料の配合は限られ，香料化合物を主体に創られる。

では，実際のクリエーションについてイチゴを例にみていこう。

ストロベリーフレーバーは，フレッシュタイプ，ジャムタイプ，ファンシータイプの3つに分類される。

フレッシュタイプは，配合比を表3.23内の(A)に，ジャムタイプは(B)に示す。これらのタイプは天然のイチゴのにおい分析より解明された成分を参考として組み立てられている。エチルマルトールは天然には見出されていない成分であるが，イチゴの甘さに寄与する成分として配合されている。フレッシュタイプは天然より見出されたエステル類，アルコール類により新鮮さを表現している。一方，ジャムタイプは，バニリン，ジメチルスルフィド，酪酸などを配合することにより煮詰めた甘さとともに加熱された濃厚感を表現している。

表3.23　ストロベリーフレーバーの配合比（重量）

成分名	配合比		
	(A)フレッシュタイプ	(B)ジャムタイプ	(C)ファンシータイプ
酪酸エチル	38	30	18
酢酸ベンジル	—	—	45
バニリン	—	30	18
(3Z)-ヘキサ-3-エン-1-オール	25	—	—
酪酸	—	25	—
リナロール	10	0.2	—
酢酸(2E)-ヘキサ-2-エニル	10	—	—
エチルマルトール	10	2	—
フラネオール	5	—	—
吉草酸イソアミル	—	10	—
シンナムアルデヒド	—	0.7	—
桂皮酸メチル	1	—	9
β-イオノン	—	—	5
エチルメチルフェニルグリシデート	—	—	5
アセトイン	—	2	—
γ-デカラクトン	1	—	—
ジメチルスルフィド	—	0.1	—
チオ酢酸S-メチル	0.1	—	—

以上の2つのタイプは，自然界に存在する果実のにおいを追求したフレーバーである。

　(C)に示したファンシータイプは，現代のように分析技術が発展していない頃にフレーバリストが官能的にイチゴの赤さをイメージしてクリエーションしたもので，かき氷のイチゴ味シロップなどでなじみのあるにおいである。甘さを表現するバニリン，イチゴの赤色をイメージする酢酸ベンジル，桂皮酸メチル，β-イオノンなどを使用し，本物のイチゴからは発見されていないエチルメチルフェニルグリシデートも配合している。

B. ビーンズ系フレーバーのクリエーション

　ビーンズ系フレーバーはとても重要なフレーバーのカテゴリーのひとつで，主なものにバニラ，コーヒー，カカオ（チョコレート）が挙げられる。これらは焙煎などの複雑な加工工程を経るため，多様なにおい成分が発生し，フルーツに比べて数多くのにおい成分が同定されている。

バニラエキストラクト（左）とバニリン粉末（右）

これらのフレーバーの開発には，分析で見出された成分を香料化合物で配合するほか，天然感を付与するため，エキストラクトなどの天然香料が用いられるのが一般的である。ここではビーンズ系フレーバーの代表としてバニラフレーバーとコーヒーフレーバーについて取り上げる。

i) バニラフレーバー　バニラフレーバーのクリエーションには，バニリンというにおい成分が最も重要な存在となる。したがって，バニリンを主体にバニラビーンズから分析により見出された成分を配合する。例えば，グアイアコールなどのフェノール類でスモーキー感，酪酸エチルなどのエステル類でトップノートのフルーティー感，フルフラールなどで焦がした砂糖を想起させるようなロースト感などを補強する。表3.24に示した配合比率では，バニリンに加えエチルバニリ

ンを併用している。エチルバニリン
は天然界に存在しないにおい成分で
あるが，バニリンの数倍の強さをも
つバニラのようなにおい成分であり，
バニリン同様，甘さを表現する成分
として広くフレーバーに使用される。
またバニラエキストラクトは，マイ
ルドな高級感のある風味をもち，冷
菓用途には，その比率を高めて配合
されたフレーバーに根強い需要があ
る。特に乳脂肪分の多いプレミアム
アイスクリームでは，高品質のバニ
ラフレーバーが要求され，十分に吟

表3.24　バニラフレーバーの配合比
（重量）

成分名	配合比
バニリン	10.00
エチルバニリン	5.00
フルフラール	1.00
グアイアコール	0.40
酢酸	0.20
ヘリオトロピン	0.10
ベンズアルデヒド	0.05
γ-ヘキサラクトン	0.05
酪酸エチル	0.05
桂皮酸メチル	0.05
アニスアルデヒド	0.05
2-フェニルエタノール	0.05
バニラエキストラクト	50.00

味されたバニラエキストラクトを使用する必要があるが，この場合に
おいても，香料化合物の使用で品質や供給の安定化を図ることが望ま
しい。アニスアルデヒド，ヘリオトロピンは，タヒチ種バニラの特徴
である華やかなフローラルノートをもっている成分である。これらの
配合比率を高めることにより，より華やかで特徴的なタヒチタイプの
フレーバーとなる。タヒチタイプフレーバーは，機能性食品や栄養補
給食品の素材由来のにおいや味をマスキング・矯正し，嗜好性を高め
る効果がある。

ⅱ）コーヒーフレーバー　焙煎コーヒー豆からは800種類以上のに
おい成分が同定されているが，単一物質でコーヒーを想起させる香り
は今のところ見つかっていない。このように成分が複雑で，ロースト
香に寄与する成分は，閾値が小さい含硫化合物や含窒素化合物が多
く，なおかつ微量であるため，香料化合物だけによる構成で自然なコー
ヒー感を表現するには限界がある。その際に，実際のコーヒー豆か
ら調製された天然香料を使用すると全体の一体感，複雑さが出てフレー
バーの完成度を上げることができる。使用する天然香料は，水溶性
フレーバーの場合，水やエタノール系の溶剤を使用したエキストラク

ト, ディスティレートなどを配合し, 油溶性フレーバーではコーヒープレスオイル（ローストコーヒー豆の圧搾油）やオレオレジンなどを使用する。

香料化合物として使用される成分は, トップノートのフレッシュなコーヒー感に寄与する比較的低分子の脂肪族アルデヒド類, 同じくトップノートの乳製品が発酵したようなペンタン-2,3-ジオンなどのジケトン類, 新鮮な焙煎香やナッツのようなロースト感に寄与する含硫化合物類, ピラジン類, ピリジン類などの含窒素化合物類, カラメルのような甘いロースト感のでるフラノン類, スモーキー感を伴った深煎り感に寄与するフェノール類などである（表3.25）。コーヒーの風味は, 産地, 焙煎度により異なり, この差異をフレーバーで表現することが求められる。これらの違いは, 主ににおい成分のバランスによるところが大きく, フレーバー開発の際にはにおい分析により得られたデータを参考としている。

表3.25　コーヒーフレーバーの配合比（重量）

成分名	配合比
フルフラール	1.60
エチルマルトール	0.60
イソバレルアルデヒド	0.50
シクロテン	0.30
グアイアコール	0.30
酪酸エチル	0.13
2,3,5-トリメチルピラジン	0.10
ペンタン-2,3-ジオン	0.08
酢酸	0.05
（フラン-2-イル）メタンチオール	0.01
コーヒーエキス	96.33

コーヒーの淹れたての香りはすばらしいが, 時間とともに特徴が減衰, 変性してしまうことは経験的に知られている。コーヒーのにおい成分には不安定な成分が多いうえに, 加工食品においてほとんどのものは厳しい加熱工程にさらされる。したがって, 熱安定性を考慮した組み立てが必要である。コーヒーの淹れたての風味を再現することは, フレーバリストにとって永遠のテーマといっても過言ではなく, 今後もフレーバーに関連する科学の発展と手を携えての挑戦が続いていくものと思われる。

C. セイボリーフレーバーのクリエーション

セイボリーフレーバーとは, 塩味をベースにする食品に使用されるフレーバーを指し, 一般にはスナック菓子をはじめラーメンスープ等のスープ類, 各種ソース類, 畜肉製品, 水産製品, 調味料などに使用

される。風味のバリエーションも、スパイス系、肉系、魚介系、野菜系、調理食品系などがあり、形態も液状、ペースト状、粉末状とさまざまである。

セイボリーフレーバーのクリエーションでは、常に「好ましくおいしい風味」「食欲をそそる風味」がポイントとなる。におい分析データをもとに香料化合物で組み立てた調合ベースを活用するほか、スパイスの精油やオレオレジン、魚介類や野菜類等からの超臨界抽出物や水蒸気蒸留物（4.3節1参照）、微生物発酵や酵素分解によるフレーバー（4.5節参照）、シーズニングオイル、加熱調理フレーバー（4.4節参照）、畜肉エキスや魚介エキス等の各種エキス類、タンパク加水分解物や酵母エキス等の天然調味料、その他食品素材などを利用してフレーバーを創り上げている（図3.10）。

セイボリーフレーバー
液状（左）、ペースト状（中）、粉末状（右）

このようにクリエーションでは多様な素材を活用するが、なかでもセイボリーフレーバー特有の重要な素材のひとつがシーズニングオイルである。

シーズニングオイルとは、一般的には香味油、風味油、調味油ある

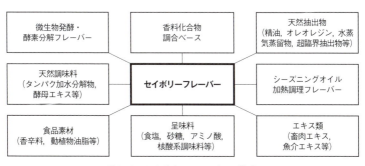

図3.10　セイボリーフレーバーの構成

いは着香油とも呼ばれ、加熱などの物理的操作により、スパイス、肉類、野菜類、魚介類、さらには味噌・醤油といった調味料類等の食品素材の香味を動物油脂や植物油脂に移行させたものである（図3.11）。

身近な代表例としてラー油（赤唐辛子に高温の植物油脂を加えて得られる油）がある。シーズニングオイルは、原料素材の選択、組み合わせ、抽出温度、加熱時間、製造工程を変えることで、オニオンやガーリックなどの素材そのものの香味のほか、さまざまな料理の「調理感」を生み出すことができる。例としてオニオンシーズニングオイルの抽出温度の違いによるにおい成分について、ロースト香に寄与すると思われる含硫化合物に着目したガスクロマトグラム（4.1節で詳述）を図3.12に示す。抽出時間は一定であるが、加熱温度の違いにより含硫化合物の量や種類が違っていることがわかる。もちろん、官

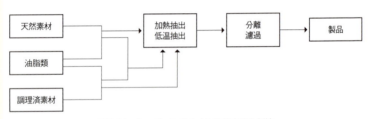

図3.11　シーズニングオイルの基本的な製法

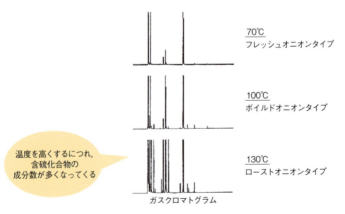

図3.12　オニオンシーズニングオイルの抽出温度の違いによる香気成分（含硫化合物）の差

能評価でもそれぞれ異なった香味特徴を示している。また，さらに香味の強化，持続性アップ，品質の安定化を図るために，糖類とアミノ酸によるメイラード反応も応用することがある。

一方，「好ましくおいしい風味」「食欲をそそる風味」は，国や地域によって異なり，気候，歴史，文化，風習などが深く関与している。国や地域の特性に対する理解を深めることもセイボリーフレーバーのクリエーションには必要である。

D. ミントフレーバーのクリエーション

ミントフレーバーは，主としてチューインガム，錠菓，歯磨き剤などに使用されるが，それぞれの商品の特徴や香料の使用目的に合ったさまざまなタイプが求められる。

フレーバリストは，商品の色のイメージ，清涼感の強弱，使用目的（口臭予防，リラックス，眠気防止等）などを考慮して，最適なミントフレーバーを開発する。

例えば色のイメージでは，緑色（グリーン）に対して新緑の木立やエメラルドグリーンの海などを，青色（ブルー）に対して湧き水の清流や晴れわたった空などをイメージしてミントフレーバーを創ることがある。

またスパイスやハーブのもつ独特のにおいを加えたり，フルーツや花を思わせる香りをアクセントとして用いたりして，独創的なミントフレーバーをクリエーションすることもある。

では，具体的なミントフレーバーのクリエーションについてみていこう。

ミントフレーバーに使用される原料は，天然香料と香料化合物とに大別されるが，その主な例を表3.26に示す。主な原料として使用されるのはペパーミントの精油，スペアミントの精油，l-メントール，l-カルボンで，その他の原料はにおいを変調させるための

l-メントールの結晶

第3章　香料

表3.26　ミントフレーバーに用いられる主な香料原料

種類	主な香料原料
天然香料（精油）	ペパーミント，スペアミント，ユーカリ，ウィンターグリーン，アニス，コリアンダー，タイム，シナモン，クローブ，レモン，ローズ，ジャスミンなど
香料化合物	ℓ-メントール，ℓ-カルボン，1,8-シネオール，サリチル酸メチル，アネトール，リナロール，オイゲノール，シトラール，チモール，シンナムアルデヒド，カンファーなど

アクセントとして用いられる。

次にこれらの原料を使った簡単な配合比率3種を表3.27に示す。

表3.27　ペパーミントフレーバーの配合比（重量）

成分名	配合比率		
	(1)	(2)	(3)
ペパーミント精油	90	50	20
スペアミント精油	−	25	−
ℓ-メントール	5	10	45
ユーカリ精油	2	10	20
ウィンターグリーン精油	1	−	10
クローブ精油	0.5	−	2
レモン精油	−	1	−
アネトール	−	1	2

(1) ペパーミント精油の淡いグリーンのイメージを活かし，ℓ-メントールで清涼感を，少量のスパイス・ハーブでこく（厚みや底味）を強化したタイプ。

(2) ペパーミント精油とスペアミント精油を併用することでやや甘いボディ感を，レモン精油のアクセントでフルーティー感を出したタイプ。

(3) ユーカリ精油，ウィンターグリーン精油，クローブ精油などを強めに使用し，スパイス・ハーブならではの特徴を前面に出したタイプ。

このように組み合わせやバランスを変化させることで3つのタイプのフレーバーを創ることができる。

E. フレーバーの形態別製法および特徴

クリエーションされたフレーバーは加工食品原料のひとつなので，使い勝手を考慮した形態に加工する必要がある。それでは代表的な形態である水溶性香料，油溶性香料，乳化香料，粉末香料についてみていこう。

ⅰ）**水溶性香料**　クリエーションしたフレーバーを，水溶性の溶剤である含水エタノールやプロピレングリコールなどに溶解させるのが一般的である。主に飲料や冷菓などに用いられ，口に含んだ瞬間に軽やかに広がるにおいを有していることが特徴である。

ⅱ）**油溶性香料**　クリエーションしたフレーバーを，油溶性の溶剤である植物油などに溶解するのが一般的である。加熱後もにおいが残る耐熱性があるので，キャンディや焼き菓子など加熱工程が過酷な食品の着香に適している。チョコレート，チューインガム，スナック菓子，ラーメンスープなどの食品にも使用される。

ⅲ）**乳化香料**　乳化剤や溶剤などを使用し，油溶性香料を微粒子状態に乳化し，水に分散するように加工されたものである。水溶性香料では出せない，においの広がりやそれが持続する効果を付与できることが特徴である。スポーツドリンクなどの飲料に濁りを与えたり，着色成分を組み込むことで果汁飲料などを着色することも可能である（4.6節1参照）。

ⅳ）**粉末香料**　油溶性香料を乳化し，さらにデキストリンなどの賦形剤を加えて噴霧乾燥法により乾燥した粉末が一般的である。におい成分が乳化剤や賦形剤でコーティングされているため，においの散逸が少なく，安定性に優れている。粉末食品に最適な形態であり，粉末飲料，スナック菓子のシーズニングパウダー，粉末スープ，チューインガムなどに用いられる（4.6節2参照）。

3. フレーバーの用途

　フレーバークリエーションで述べたように，フレーバーは実際の食品をターゲットとしてそれぞれ目的にあったにおいの再現と調整をくり返し，生み出されていく。ここでは，開発されたフレーバーが実際にどのように使われているかをみていこう。

A. 飲料

　市販されている飲料には清涼飲料水である炭酸飲料，果実飲料，嗜好性飲料と，乳飲料，アルコール飲料など多くのジャンルがあり，さまざ

なフレーバーが使用されている。これら数多くの製品は図3.13のように分類される。

飲料コーナー

次に，主なものについて例を挙げながらみていこう。

ⅰ) 炭酸飲料　炭酸飲料は，炭酸の爽快な刺激とバラエティー豊かなにおいが魅力の，嗜好性の高い飲料である。

シトラス系の炭酸飲料ではラムネ，サイダーが代表的であり，これらのにおいはフレッシュで爽やかなシトラスを主体に発泡感のあるエステル類により構成されている。

シトラス系以外のフルーツではアップルソーダ，グレープソーダな

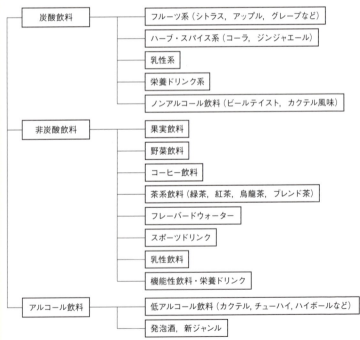

図3.13　飲料のジャンル

どがある。フレーバーはフルーツの本物感を追求したタイプや，イメージで創り上げたファンシータイプなどさまざまなタイプが使用される。

炭酸飲料の中でも特に人気の高いコーラのにおいは，ライム，レモンなどのシトラス系と，ナツメグやシナモンなどのスパイス系のにおいとの調和により成り立っている。

また健康志向の高まりから，炭酸飲料においてカロリーオフ，カロリーゼロ，無糖をうたった商品が多数発売されている。これらの商品は糖類の一部，またはすべてを高甘味度甘味料に置き換えられているため，糖類を使用したものよりボディ感が不足したり，高甘味度甘味料がもつ特有の苦味や甘味の後引きといった欠点がある。これらの問題を解決するため，糖がもつ味を補う目的でシュガーフレーバーが使用されたり，高甘味度甘味料の苦みなどの欠点を補う目的でマスキングフレーバーなどが使用される。

ノンアルコール飲料は，酒を飲みたいけど飲めない状況下（車を運転する，妊娠中など）でも気軽に飲用できることや，あえて酒を飲まないという選択をするライフスタイルである"ソバーキュリアス"の拡がりから市場が拡大している。なかでもビールテイスト飲料は確固たる地位を築いている。ビールテイスト飲料はビールと比較するとこくや苦味，香り立ちなどの複雑な風味が不足するため，アルコール分（エタノール）を使用せずに組み立てたビールフレーバーやホップフレーバーを使用することによりビールらしさを再現している。そのほか，ワインやチューハイ，カクテルなどのノンアルコールタイプも販売されている。これらの飲料には個々の酒類のにおいを再現するだけではなく，アルコール感も付与できるフレーバーが使用される。

ⅱ）果実飲料

果実飲料はJAS法が定める基準により果汁含有量によって大まかに表3.28のように分

表3.28　果実飲料の分類

果汁の含有量	分類
100％	果実ジュース
10％以上，100％未満	果汁入り飲料
10％未満	清涼飲料水 （「無果汁」「果汁10％未満」と表記）

類される。

　果実飲料は加熱殺菌により果汁由来のトップノートのにおいが失われたり加熱臭や劣化臭が生成する。そのため，マスキングと好ましい風味を付与することを目的としてフレーバーが使用される。果汁100%の果実ジュースは，JAS法により使用できるフレーバーは天然香料に限られる。そのため，シトラス系飲料には果皮の圧搾により得られるピールオイルやそれを水溶性化したフレーバーが使用される。またシトラス系以外のフルーツには，回収フレーバーなどの天然香料が使用される。

　果汁入り飲料は，糖類や酸味料を用いて酸味・甘味を調整することが可能であり，またフレーバーも天然香料以外に香料化合物を使用した調合香料も使用することができる。幅広い香料素材による調香が可能であるため，果汁感のあるタイプや熟したタイプ，イメージで創られたファンシーなタイプなどのさまざまなフレーバーを使用することにより，嗜好性の高い風味に仕上げることが可能である。

ⅲ）**コーヒー飲料**　コーヒー飲料はフレーバーの需要が高く，特にPET容器や缶容器入りの商品が多い。コーヒー飲料は豆の含有量により表3.29のように分類される（コーヒー飲料等の表示に関する公正競争規約）。

　また，種類としては「レギュラータイプ」「微糖タイプ」「カフェオレタイプ」「ブラックタイプ」に大別される。また，「砂糖ゼロ」をうたい，砂糖を使用せず高甘味度甘味料のみで甘さをつけた製品もある。

　コーヒー飲料は加熱殺菌やホット販売時の加熱により，本来コーヒーのもつフレッシュなにおいが損なわれたり，好ましくないにおいが発生したりする。このためフレーバーの役割は重要で，フレーバーには加熱殺菌に耐えるような熱安定性が要求される。ま

表3.29　コーヒー飲料の分類

コーヒー豆含有量(生豆換算)/100 gあたり	分類
5 g以上	コーヒー
2.5 g以上，5 g未満	コーヒー飲料
2.5 g未満	コーヒー入り清涼飲料水

た，微糖タイプや砂糖不使用の製品には砂糖のもつこくを与えたり，高甘味度甘味料の後味の苦味をマスキングする目的でシュガーフレーバーを使用することもある。

ⅳ）**茶系飲料**　茶系飲料には緑茶，紅茶，烏龍茶，ブレンド茶などがあるが，特に紅茶飲料ではフレーバーの需要が高い。紅茶飲料はストレートティー，レモンティー，ミルクティーが一般的であり，その他フレーバードティーや濃厚でプレミアム感のあるタイプなどが発売されている。無糖タイプの紅茶飲料も増えている。

　紅茶飲料も加熱殺菌により茶葉の香りが損なわれるため，フレッシュな茶葉感を与えるブラックティーフレーバーが求められる。また用途に応じて，レモン，ミルク，アップル，ピーチ，マスカット，スパイスなどのフレーバーが広く使用される。

ⅴ）**スポーツドリンク**　スポーツドリンクは運動時の発汗により失われた水分とミネラル分の補給を目的として開発されたもので，酸味料や甘味料のほかにナトリウムなどのミネラル分を配合した飲料であり，熱中症対策をうたった製品もみられる。スポーツドリンクは設計上，糖分が低くフレーバーの濃度が薄く感じられるため，香り立ちがよくミネラル分と相性のよいグレープフルーツやレモンなどのフレーバーと，後半にボディ感を与えるシトラス系の乳化香料を併用することが有効である。

ⅵ）**乳性飲料**　乳性飲料とは牛乳や乳製品を原料とした飲料の総称で，酸味料やヨーグルトなどの酸を含む酸性タイプと酸を含まない中性タイプに大別される。特に乳固形を3％以上含む乳性飲料は，食品表示基準別表第19「乳製品　種類別」および飲用乳の表示に関する公正競争規約により「乳飲料」として規定されている。

　酸を含むものは主にヨーグルトやフルーツ系のフレーバーが使用され，爽やかな風味に仕上げられる。一方，酸を含まないものは，ストロベリーやバナナなどのフルーツ系，コーヒーや紅茶などの嗜好性飲料系など多彩であるが，いずれも乳とのマッチングのよいことが求められる。

第3章　香料

109

vii) **機能性飲料** 機能性飲料とはプロテインやコラーゲン，食物繊維，ビタミン，ポリフェノール，アミノ酸などの身体に有用な機能性素材を配合した飲料である。

機能性飲料に使用するフレーバーの利用目的は大きく2つに分けられる。ひとつは機能性素材がもつ独特のくせをマスキングすることであり，フルーツ系のフレーバーが多く用いられる。例えば，コラーゲンを配合した飲料では，コラーゲン由来の生臭みと比較的相性のよいピーチやベリー系などのフレーバーが用いられる。もうひとつは，機能性素材がもつ健康イメージを損なわないような風味であり，ハーブ系やスパイス系のフレーバーが用いられる。例えば生薬を配合したドリンク剤では，シナモンやクローブ，ナツメグなどのフレーバーが用いられる。

viii) **低アルコール飲料** 低アルコール飲料は蒸留酒（ウオッカ，焼酎等）に糖類，酸味料，果汁などを加えた飲料で，チューハイやカクテル，ハイボールなどの商品があり，アルコール度数は消費者のニーズに合わせ，3％程度から9％程度まで幅広い商品が存在している。

レモンやグレープフルーツなどのシトラス系や，グレープやアップル，マンゴーなどのフルーツ系，ジンなどのスパイス系など幅広い風味のものが発売されている。なかでもシトラス系風味の人気は根強く，果汁感や新鮮感がでるフレーバーが好まれる。

B. 冷菓

冷菓は，アイスクリーム類と氷菓に大きく分類され，アイスクリーム類は乳固形と乳脂肪の量により，さらに3つに分類される（表3.30）。

ⅰ) **乳製品アイスクリーム類** アイスクリーム類に使用されるフレーバーは，バニラ，チョコレート，ストロベリーが主流である。

とりわけバニラは最も重要なフレーバーである。

冷菓類

表3.30 冷菓の定義と成分規格

製品区分及び名称	定義	種類別	成分規格 乳固形分	うち乳脂肪分
乳製品 アイスクリーム類	乳又はこれらを原料として製造した食品を加工し,又は主要原料としたものを凍結させたものであって,乳固形分3.0％以上を含む。	アイスクリーム	15.0％以上	8.0％以上
		アイスミルク	10.0％以上	3.0％以上
		ラクトアイス	3.0％以上	
一般食品 氷菓	上記アイスクリーム類以外で,糖液もしくはこれに他の食品を混和した液体を凍結したもの。食用氷を粉砕し,これに糖液もしくは他の食品を混和し再凍結したもので,凍結状のまま食用に供するもの。	上記以外の冷菓	上記以外のもの	

〔アイスクリーム類および氷菓の表示に関する公正競争規約より〕

　一般的にアイスクリームには，天然のバニラエキスやバニラオレオレジンを多用する。乳脂肪とバニラエキスの濃厚なにおい，バニラオレオレジンのもつ深みのある呈味が融合し，高級感のある豊かなおいしさが得られる。

　一方，乳脂肪の一部，またはすべてを植物油脂で代用しているアイスミルク，ラクトアイスには，バニリン主体の香料化合物を調合したバニラフレーバーが適している。トップノートが強く，ラストノートの後切れのよいタイプのフレーバーは，植物油脂由来の油臭さを緩和し，軽い風味を与えるからである。

　また，低原料費でアイスクリーム類の乳固形分を増加させる目的で脱脂粉乳を使用する場合がある。脱脂粉乳を多く使用すると，加熱された乳の劣化臭や粉っぽさがでることがある。バニラフレーバーには，このような異臭をマスキングする効果もある。

　より乳原料の使用量が少ない製品では，不足する乳を補強するフレーバーが必要とされる。乳製品タイプのフレーバーには，フレッシュな生乳感や濃厚な練乳感を追求したタイプのほかに，乳製品を酵素処理した天然香料も自然な乳の香味を付与する目的で使用される。

第3章　香料

ⅱ）氷菓　かき氷を代表とする乳原料を含まない氷菓の場合，アイスクリーム類と比較して有機酸や糖の含量が高いことが多い。そのため融点が低く，組織が粗い物性となり，氷結晶の冷たさを非常に強く感じる。したがって，氷菓用のフレーバーは低温状態でのにおいのバランスと，冷たさに負けないにおい立ちの強さが求められる。

　フレーバーのタイプをみると，爽やかな冷涼感に合うフルーツ系が主体となる。そのほかに，従来からある和風系のアズキやミゾレ（糖蜜）フレーバーの人気も高い。

　子ども向け商品の中では，生のフルーツのようにフレッシュなフレーバーより，イメージでクリエーションされた甘いファンシータイプのフレーバーが好まれる傾向がある。例えば，イチゴの赤さをイメージしたかき氷のイチゴシロップ調や，メロンソーダ調のフレーバーも定番となっている。

　一方，本物の味わいをめざし，果汁や果肉をより多く使用した製品も増えている。これらの商品には，フルーツのにおいを付与する本来の目的のほかに，果汁，果肉の加工による加熱臭をマスキングする用途でもフレーバーが使用される。

C. 菓子

　菓子類へのフレーバーの利用は，他の加工食品と同様，特徴を強調したり，風味の増強，さらには加工工程や製造後の流通期間に生じる望ましくないにおいのマスキングを目的に使用する。菓子では，生地自体の味（甘味など）が強いこと，水分が

菓子類

少なくフレーバーの香り立ちが悪く，さらにまた，加熱によるダメージが大きいことなどから，他の食品よりも強さと耐熱性のあるフレーバーが必要となる。

ⅰ）キャンディ類

①ハードキャンディ　ハードキャンディは，砂糖と水飴などを水分が

3％以下になるまで煮詰めた生地にフレーバー，酸味料，着色料などを加えたもので，フルーツ風味のドロップや，乳原料の入ったスカッチキャンディ，ミントやハーブを効かせたのど飴などがある。原材料の配合が比較的シンプルであるため，フレ

キャンディ類

ーバーの貢献度が高い。製造工程上，120〜140℃の高温を保った生地にフレーバーを添加するため，強い耐熱性が必要となる。また近年，低カロリーや低う蝕性を特徴として市場が拡大したシュガーレスキャンディでは，砂糖や水飴の代わりにマルチトールや還元パラチノース（DM三井製糖株式会社の登録商標）といった糖アルコールを使用する。甘味の発現がよくない場合には，アスパルテームなどの高甘味度甘味料を使用する。甘味の増強に砂糖らしい甘さや呈味改善を目的としたシュガーフレーバーを併用する場合もある。

②**ソフトキャンディ**　ソフトキャンディの代表的なものにはキャラメルとチューイングキャンディがある。キャラメルは砂糖と水飴に練乳や油脂などを加え，水分が8〜10％になるように125℃程度まで煮詰めたものである。高温で加熱される際に生じるメイラード反応などにより甘く香ばしいにおいが生じる。キャラメルにはバニラフレーバーや素材のにおいを増強するミルクフレーバー，バターフレーバーが用いられるが，シトラス系フレーバーなどをアクセントとして併用する場合もある。一方，チューイングキャンディは砂糖，水飴，油脂などを煮詰めたものにゼラチンを加えて噛みごこちをもたせたキャンディで，フルーツ系商品を中心に市場が形成されている。フレーバーの添加温度はハードキャンディに比べて低いが，配合された油脂によってフレーバーが油脂に溶け込み，におい立ちが抑制され，またゼラチン臭をマスキングする必要もあるため，バランスにも配慮した強さのあるフレーバーが要求される。

③**グミキャンディ**　グミキャンディは，ゼラチンによって弾力性をも

たせたやわらかいキャンディである。フルーツ香味の製品が多く，そのやわらかな食感が果肉を連想させ，使用されるフレーバーについてもリアルな果実感を求める傾向が強い。近年，ハード系やふわっと，もっちりなど食感のバリエーションが増え，果汁感，フレーバー展開など多様化が進み，幅広い年代で市場拡大している。

④錠菓（タブレット）　錠菓は，砂糖などの糖原料を加圧成型したキャンディである。昔ながらのラムネ菓子やミントの強い刺激を求める小粒のシュガーレス錠菓などがある。一般的にはフレーバーとして粉末香料を使用するが，油溶性のフレーバーを粉体原料に直接吸着，分散させ，香味にインパクトをつけることもある。

ⅱ）チョコレート　チョコレートは主原料であるカカオに砂糖や粉乳を加えた菓子である。カカオの特徴を引き出し，より食べやすくするためにバニラフレーバーが広く使用されている。バニラの主な成分であるバニリンが単独で用いられる場合も多いが，バニラエキストラクトを配合したフレーバーを使用し，においと味に厚みをもたせることも可能である。また，準チョコレート（チョコレート類の表示に関する公正競争規約）などのカカオ成分が少ない製品には，チョコレートフレーバーを用いて風味を補ったり，ミルクフレーバーを使って風味を整えたりする場合もある。チョコレート生地に水溶性のフレーバーを加えると，生地の流動性が低下し，成型に不具合が生じる場合もあるため，一般的には油溶性のフレーバーを使用する。

ⅲ）焼き菓子類　クッキー，ケーキ，クラッカー，パイなどの焼き菓子は，小麦粉に砂糖，油脂，卵，乳製品などの副原料を加え，高温のオーブンで焼いたものである。高温に直接さらされ，また蒸発する水分に伴ってにおい成分も揮散しやすいため，強い耐熱性が要求される。また，焼成によるにおい成分のバランスの変化を想定したフレーバーの設計も重要となる。菓子らしい風味や嗜好性を高める目的でバニラフレーバーを，また，原料の風味を補強するためにバターフレーバーやミルクフレーバーを用いる。

ⅳ）チューインガム　チューインガムは，噛むことが食行動の中心で，

飲み込むことのない成分を残すという特殊性をもった食品である。水に溶けない樹脂（チクルなど）を含むガムベースと，甘味料やフレーバーなどから構成されているが，チューインガムに風味を与えるという点ではフレーバーの役割が最も大きい菓子である。ガムベースの中にフレーバー成分が閉じ込められ揮発しにくいため，その添加率は他の菓子に比べて高くなる。通常，油溶性のフレーバーが使用されるが，マイクロカプセル化などにより，即溶性・持続性を付加した粉末香料を併用し，噛みはじめのインパクトをつけたり，香味の持続性を高める工夫も行われている（4.6節2参照）。爽快なミントフレーバーを使った商品が主流であるが，果実のみずみずしさを訴求したような商品も増えている。シュガーレスガムでは甘味の補填と持続性を強化する目的でアスパルテームなどの高甘味度甘味料を併用するが，フレーバーには甘味料の後味の矯正と嗜好性向上の効果が求められる。

　口臭予防・眠気防止など二次機能をコンセプトにした商品市場が形成され，1997年認可されたキシリトール配合の虫歯予防商品でシュガーレスガムの市場が拡大した時期もあったが，近年は口中清涼菓子，グミキャンディなどへの需要シフトもあり，市場は縮小傾向にある。

D. スナック菓子

スナック菓子類

　日本におけるスナック菓子の販売が開始されたのは1960年代で，その歴史は比較的浅い。スナック菓子は，ジャガイモ，トウモロコシ，小麦粉などを原料にし，それらを油で揚げたり，焼いたり，膨化（パフ化）させたりして形成，味つけした食品である。

　スナック菓子の味つけにはさまざまな方法がある。フレーバーを含めた原料素材を混練し，形成して味をつけ加工する方法，原料素材を形成した後にフレーバーを直接噴霧してにおいづけを行う方法などである。しかし，それらのなかで最も一般的な方法は，原料素材を油で

第3章　香料

揚げる,または焼いた後,フレーバーを含んだスナック菓子用シーズニングパウダー(以下,シーズニングパウダー)をまぶして味つけする方法である。

シーズニングパウダーとは,例えばポテトチップを食べたときに指につく粉のことである。その構成は,呈味部分とにおい部分からなり,呈味部分の食塩,砂糖,畜肉系粉末,香辛料粉末,タンパク加水分解物,粉末酵母,調味料,酸味料,甘味料などの素材,におい部分の調理感,持続性を出すフレーバーからなっている。このフレーバーが,シーズニングパウダーを特徴づける最も影響力のある素材であり,油溶性香料と粉末香料がある。両者はフレーバーの広がり方が異なるため別々の効果をもたらす。一般に油溶性香料は,においが広がりやすいため,スナック菓子の袋を開けてすぐに感じるにおいとなる。一方,粉末香料は賦形剤などでにおい成分をカプセル化しており,唾液によってカプセルが溶けて口腔内ににおいが遅れて広がる。そのためトップノートのみならずミドルノートからラストノートにかけてもにおいが持続する。呈味の後引きとともににおいも持続するので,全体としての一体感をもたらし,風味の輪郭を明確にできる。ただし,シーズニングパウダーは,スナック基材の原料素材,形状,製法により,におい,呈味の発現が異なるので,基材の特性に応じた調整が必要である。

なお,前項のフレーバークリエーションでも述べたとおり,シーズニングパウダーは,メイラード反応を応用した調理感の強い素材,天然物を酵素処理したにおいと呈味を増強させた素材,においを長期にわたって保つようにした粉末香料など,おいしさに直結する各種の技術を活用し,トップノートがあり調理感が強く,呈味・持続性の強い一体感のあるものが創られている。

E. ラーメンスープ

中国発祥のラーメン,中国語では「拉面」と書き表される。「拉」とは引っ張ること,「面」は小麦粉に水を加え捏ねたものを意味する。つまりラーメンは小麦粉を捏ねて細く引き伸ばしたものをさす。ちな

みに「面包(メンパオ)」は食パンのことで、「面」は小麦粉製品全般をさす。日本の「麺」よりも幅広い意味をもつことからも中国小麦粉文化の深さがうかがえる。日本に伝わったラーメンは今では全国各地に特有の味が生まれ、行列を連ねる有名店も多く、誰にでも愛される国民食となった。特に即席麺は日本で発明された画期的な保存食で、今では世界中に広がり、年間1,200億食以上も消費されている。即席麺は袋麺とカップ麺に大別され、さらに油揚げ麺と非油揚げ麺に分類、味にいたっては非常に多岐にわたる。この味を決めるのがスープである。ここではラーメンスープ、特に即席麺のスープにおけるフレーバーの使用についてみていこう。

ラーメンの味を決めるスープ

即席麺別添スープの分類は性状により粉末と液体に大別される。粉末スープは即席麺で特に多い形態である。味の種類によって数多くの原料の組み合わせがなされ、工程的には混合順序、水分管理、粒度などに注意が払われる。表3.31に使用される主な原料を記す。スープを粉末化することによる利点としては保存性が高まることにある。一

表3.31 粉末スープに使用される主な原料

原料	役割
食塩	塩味付与
糖類（グラニュー糖など）	甘味付与
粉末醤油 粉末味噌 各種エキス類（畜肉系、魚介系、野菜系など）	各種風味素材
天然調味料（酵母エキス、タンパク加水分解物など） MSG（グルタミン酸ナトリウム） 核酸系調味料	うま味付与
香辛料（コショウ、ショウガ、ニンニクなど）	辛味、においづけ
酸味料（クエン酸など）	酸味付与
着色料（カラメル色素、パプリカ色素など）	色づけ
香料	においづけ
その他（増粘剤など）	状態の改善など

方で，スープの粉末化工程による加熱で風味が損なわれるため，この失ったにおいを補う目的でフレーバーを使用する。さらに，商品により自然な調理感を特徴づける重要な役割もある。フレーバーは最終用途により各種形態に調製され，粉末スープには，粉末化したフレーバーを主に使用し，ほかに油溶性香料もスープ粉末の造粒時に使用する。

一方，液体スープは，粉末化工程がないため，素材本来の風味が活かせる。ただし，水分含量が高いため保存性を考慮した処方の設計（塩分，pH，殺菌条件）が必要となる。表3.32に液体スープの配合例を示す。

表3.32 味噌ラーメンスープ（液体）処方例

原料名	配合比率（%）
味噌	60.00
チキンガラスープ	10.00
MSG	5.50
食塩	4.50
練りゴマ	3.00
砂糖	3.00
ラード	3.00
おろしニンニク	2.00
オニオンエキス	1.50
濃口醤油	0.60
核酸系調味料	0.60
ミソシーズニングオイル	0.60
おろしショウガ	0.40
モヤシフレーバー	0.25
香辛料	0.20
カラメル色素	0.20
ガーリックフレーバー	0.09
クエン酸	0.06
酒精	1.50
水	3.00
合計	100.00

即席麺にはスープに加えて風味づけされた油脂である調味油が別添パックとして用いられることもある。主として調理感や商品の特徴となるにおいづけ目的で使用される。

ラーメンスープに使用されるフレーバーの種類としてはスパイス系（ネギ，ニンニク，コショウなど），ミート系（牛，豚，鶏），魚介系（鰹節，エビ，ホタテなど），ベジタブル系（モヤシ，キャベツ，トマトなど）が挙げられ，さらに実際の肉，野菜，香辛料などを組み合わせたトータル風味の調理系フレーバーがある。また，減塩や低カロリーの流れから，フレーバーと組み合わせて，塩味を増強できる素材や油を低減させても油脂感を補える素材など，単ににおいづけだけではない新しいフレーバーが開発されている。

F. その他の加工食品

ⅰ) 冷凍食品　冷凍食品は，個食化などの社会変化や外食産業の発展に伴い市場を確立した。その理由として，①肉や野菜などの原料を低温で急速に凍らせてあるため，新鮮な風味が保たれる，②-18℃以下で貯蔵するため微生物増殖が防止され衛生的で買い置きができる。③下ごしらえ（前処理）してあるため短時間で調理できるなどの利点が挙げられ，現代社会のニーズに合った便利な食品である。これらの冷凍食品は消費者がスーパーなどで目にする家庭用とファミリーレストランをはじめとする外食産業などに使われる業務用があり，品目別では水産物，農産物，畜産物，調理食品などに分けられる。フレーバーの多くは，このうちの調理食品に使用される。ある程度まで調理され，揚げたり電子レンジで温めたりするだけで食べられるものが，ここに分類される。コロッケ，カツなどのフライ類やピラフ，炒飯，ハンバーグなどアイテム数が非常に多く，弁当用惣菜から夕食のおかず，あるいはおつまみとして，年齢層と利用目的も幅広い。調理方法にもさまざまな工夫がみられ，年々利便性が増してきている。

冷凍食品コーナー

　このような冷凍食品に対する消費者ニーズは，簡便性と調理した食品のおいしさの両立と考えられ，さまざまなタイプのフレーバーが求められている。表3.33に冷凍食品におけるフレーバーの用途の具体例を示す。

　例えばバターオニオンシーズニングペーストは，バターでタマネギを炒めた風味を付与し，製品の風味全体を増強し，深い濃厚感を与えることができる。また，フレーバーの役割の中で「調理感の付与」はおいしさの追求には欠かせないポイントとなる。電子レンジ調理では温めることができても，「焼く」「炒める」といった料理本来の調理感を得ることは難しい。冷凍食品の製造工程中では，加熱され調理感は

表3.33 冷凍食品中のフレーバーの使用例と役割

冷凍食品	使用例	役割
グラタン	バターフレーバー クリームフレーバー バターオニオンシーズニングペーストなど	原料の風味補強・増強 こくの付与，具材風味の特徴づけ
牛肉コロッケ	ビーフフレーバー オニオンフレーバー ビーフシーズニングペーストなど	原料の風味補強・増強 こくの付与，具材風味の特徴づけ
炒飯	グリルフレーバー ローストショウユフレーバー チャーハンシーズニングフレーバーなど	原料の風味補強・増強 調理感の付与

付与されるものの，電子レンジで調理して食べるときには，焼きたての香ばしいにおいは損失してしまう。調理食品のさらなるレベルアップのために失われた調理感を付与する役割がフレーバーに求められる。これもフレーバークリエーションで述べた調合ベースやシーズニングオイルを組み合わせたセイボリーフレーバーにより冷凍食品に調理感を付与することができる。

ⅱ）水産練り製品　水産練り製品の中には，かまぼこ，ちくわ，魚肉ソーセージなどがある。一般的にスケトウダラなどの白身魚を原料とし，魚肉を食塩とともに擂り潰し，調味料など副原料を加え，加熱して製造する。

「風味かまぼこ」ではフレーバーの役割の果たすところは大きい。代表的なカニ風味かまぼこは，インスタントラーメン，レトルトカレーとともに戦後の加工食品三大発明のひとつと称され，1973年に刻みタイプが日本で発明され，翌年には棒状タイプの商品も発売された。以後，世界各国に普及している。ヨーロッパでは健康志向からサラダに利用する食習慣が一般化し，世界的な和食ブームも人気の後押しとなり需要を伸ばしている。カニ風味かまぼこの主原料は，スケトウダラなどの魚肉に糖類と冷凍変性抑制剤を加えて加工した冷凍「すり身」である。副原料として卵白，澱粉，砂糖，食塩，アミノ酸，カニエキスなどが加えられ，味や食感を構築する。これにカニフレーバーを加えてカニの特徴を表現する。

カニフレーバーは商品の差別化のためさまざまなタイプのにおいが

要求される。例えば，ズワイガニ，毛ガニ，タラバガニなどの種類別のタイプのほかに，茹でた身の特徴が強い磯の風味，焼きガニ的な香ばしさが強いなど，においの特徴別のタイプもいろいろである。

「カニ風味かまぼこ」の製造では，蒸す（すり身のゲル化），殺菌（保存安定性向上）の工程を経る。このときカニ特有の揮発性の高いにおい成分の損失があ

表3.34 カニ風味かまぼこの処方例

原料名	配合比率 (g)
冷凍すり身	100.0
卵白	10.0
澱粉	9.0
食塩	6.5
砂糖	3.0
MSG	2.0
カニエキス	1.0
本みりん	1.0
カニフレーバー	0.6
氷水	66.9

るため，加熱工程後のバランスを考えたものや，粉末化や乳化という技術を用いた，より耐熱性に優れたフレーバーを用いる。

G. 歯磨き剤・マウスウォッシュ

歯磨きの歴史は古く，古代エジプトにおいて歯磨き剤に類するものが使用されていた。日本には江戸時代に朝鮮半島から歯磨き剤の技術が伝来し，歯磨きが一般に普及したのは江戸期以降のことである。「歯磨き粉」と今でも呼ばれるように，当時

歯磨き剤・マウスウォッシュ製品

の歯磨き剤は粉状だったため，使用されるフレーバーは l-メントール，バニリンなどの結晶状香料が主体であった。1950年代以降は歯磨き剤の改良の進化に伴い練り歯磨き剤が急速に普及し，フレーバー使用に関する技術も大きく進歩していった。

歯磨き剤用フレーバーには清涼感と爽快感が要求されるため，ミント系のフレーバーが主体となる。それにはペパーミントやスペアミントの精油，およびそれらの主な成分である l-メントール，l-カルボンなどを使用し，さらに製品のコンセプトや香味のイメージに応じてさまざまなアクセントフレーバーを使用する。アネトールは多くの歯磨き剤用フレーバーに配合されており，歯磨き基剤に由来する苦味，えぐ

味などの好ましくない味を隠して甘味を付与する効果がある。また歯磨きは毎日行うものなので，飽きのこない香味であることも重要になる。

マウスウォッシュは1980年代半ばから急速に普及した。フレーバーは歯磨き剤と同様でミント系が中心である。マウスウォッシュの特徴としてチモール，サリチル酸メチル，l-メントールといったフレーバー成分を薬機法に則った薬用成分として配合している製品がみられる。また，歯磨き剤が主として食後に使用されるのに対し，マウスウォッシュは食間に口臭防止を目的として使用されることが多いため，強く持続し残香性のあるフレーバーが求められる。

なお，直接ヒトの口の中で使用されることから，歯磨き剤やマウスウォッシュは，日本の場合は食品衛生法で定められた香料素材のみを使用する。同時にフレグランス業界規制（IFRA規制（6.3節参照））にも適合していなくてはならない。

歯磨き剤用フレーバーは次のように分類することができる。

ⅰ）ペパーミントタイプ　ペパーミントの精油，l-メントールを主体としたもので，日本では最も一般的な香味であり，清涼感の強さと爽やかさが特徴である。

ⅱ）スペアミントタイプ　スペアミントの精油とl-カルボンを主体とし，特有の甘味，濃厚感がある。

ⅲ）ミックスミントタイプ　ペパーミントとスペアミントの精油をバランスよく配合し，ペパーミントの清涼感とスペアミントのこくを調和させたタイプである。

ⅳ）アクセント強調タイプ　ミント系をベースとし，アクセントとしてスパイス系，フルーツ系，フローラル系を多めに使用し，アクセントの特徴を強調したタイプである。

ⅴ）フルーツ，シトラスタイプ　子ども向けのフルーツを主体としたタイプ。フルーツ系のにおいを主体とし，清涼感を出すためにl-メントールを若干加える。

このようにフレーバーは加工食品のおいしさを支える，なくてはならない大切な存在で，あらゆる加工食品に使用されている。今後も多様化する食品に対応したフレーバーの開発が望まれる。

3.5 フレグランス

フレグランスは，香水に使用する香料にはじまり，化粧品，ヘアケア製品，石けん，洗剤，柔軟剤，芳香剤などに使用される香料へと発展していった。これら直接身体や身のまわりに使われる商品イメージを香りで表現しつつ，消費者にとって快適な香りとなるように創られるフレグランスについてみていこう。

1. フレグランスクリエーション

フレーバーの開発は，具体的な食べ物の香りを用途に応じて忠実に再現することを目標としているのに対し，フレグランスの開発では，抽象的な香りのイメージをもとにパフューマーが用途に応じてイマジネーションを膨らませ，コンセプトに合った香りを創作する。ここでは，フレグランスはどのように組み立てられるかを紹介しよう。

フレーバーを開発する調香師をフレーバリストと呼ぶのに対し，フレグランスの調香師はパフューマーと呼ばれる。パフューマーになるためのトレーニングは2,000種類を超える原料としての香料（天然香料・合成香料）の香りを記憶することからはじまる（表3.35）。香料のにおいの特徴を記憶したのち，シェーマ（Schema）と呼ばれる数種類から10種類程度の香料のバランスを官能だけで香りの再現をするトレーニングを行う。さらに市販の香水，商品などの香りをイミ

テーションするステップを経て，初めて自分自身でクリエーションできるようになる。日本ではなじみの薄いパフューマーであるが，フランスでは鼻を意味する「ネ（nez）」とも呼ばれる憧れの職業のひとつである。

このように修練を積んだパフューマーがクリエーションの基本とするフレグランスの構成とはどのようなものだろうか。

表3.35 天然香料の香りと記憶訓練表

NOTE	天然香料					
CITRUS	LEMON OIL	BERGAMOT OIL	MANDARIN OIL	SWEET ORANGE OIL	LIME OIL	GRAPEFRUIT OIL
WOODY	SANDALWOOD OIL	CEDARWOOD OIL	VETIVER OIL	PATCHOULI OIL	ABS. OAKMOSS	
SPICY-(1)	CLOVE OIL	CINNAMON BARK OIL	CALAMUS OIL	PEPPER OIL	JUNIPERBERRY OIL	CORIANDER OIL
SPICY-(2)	CASSIA OIL	BAY OIL	NUTMEG OIL	CELERY OIL	CUMIN OIL	
ORANGE FLOWER	NEROLI OIL	PETITGRAIN OIL	ABS. ORANGE FLOWER			
ANIS	STAR ANIS OIL	CARAWAY OIL	ESTRAGON OIL	BASIL OIL		
ROSE	ABS.ROSE	ESS.ROSE	GERANIUM OIL			
RUSTIC & CAMPHOR	LAVENDER OIL	LAVANDIN OIL	ROSEMARY OIL	EUCALYPTUS OIL	THYME OIL WHITE	LAUREL NOBLE OIL
BALSAM & AMBER	PERU BALSAM	ABS.TONKA BEANS	ABS. VANILLA	ABS. LABDANUM	STYRAX OIL	SAGE CLARY OIL
FLORAL	ABS. JASMIN	ABS.VIOLET LEAVES	ABS. MIMOSA	YLANG YLANG OIL		
RESIN	RES. OLIBANUM	RES. BENZOIN	RES. MYRRH	RES.ELEMI	RES. GALBANUM	
CITRONELLA	CITRONELLA OIL	LEMONGRASS OIL				
MINT	PEPPERMINT OIL	SPEARMINT OIL				

＊天然香料の香りと記憶訓練表の見方
　ノートと各香料を合わせるように覚える．
　縦にノートを，横に同ノートの天然香料を示している．例えば，1行目・シトラス（CITRUS）には，レモンオイル，ベルガモットオイル，マンダリンオイル，スイートオレンジオイル，ライムオイル，グレープフルーツオイルがある．これらの微妙な香りの違いを識別できるように記憶する．

2. フレグランスの構成

フレグランスの構成を表すときは図3.14に示すピラミッド型の図表を用いることが多い。その構成は，揮発性の高い順にトップノート，中程度のミドルノート（ハートノート），低いベースノートからなる。

図3.14　フレグランスの構成

トップノート，ミドルノート，ベースノートの「ノート」はパートを示し，具体的なにおいを示す用語としては，フルーティーノート，ハーバルノート（ハーブノート）などがあり，この「ノート」とは「〜調」や「〜様（〜のようなにおい）」といった官能的な香気特性を表現している。

図のように，パート別にトップノートはフレグランスの第一印象を決める香りで，爽やかなシトラスノートやグリーンノート，アップルやペアなどのフルーティーノート，ミントなどのハーバルノートがある。ミドルノートはフレグランスの中心となる部分であり，主にローズ，ジャスミン，スズランなどのフローラルノートからなる。ベースノートはフレグランスの基礎となる部分で，主にウッディノート，ムスクノート，アンバーノート，バルサムノート（バルサムモミなどから得られる樹脂由来香料）などの持続性効果の高い素材が多く含まれる。それぞれの香りについては次に示す。

3. フレグランスの分類と原料

トップ，ミドル，ベースに使う具体的なノートについて図3.14に示したが，フレグランスはフレーバーと同様に自然界に存在する素材（天然香料）だけではなく，さまざまな合成香料も使用する。次に各パートに分類した香調と構成する香料原料を紹介する。

A. トップノート

ⅰ）シトラスノート　その清潔感，爽快感からコロンや洗浄剤には欠かせない要素である。フレグランスに使用される天然香料は，レモン，ベルガモット，ライム，マンダリン，オレンジなどがあり，合成香料としてはレモン様のシトラール，シトロネリルニトリル，オレンジ様のオクタナール，グレープフルーツ様のヌートカトンなどが挙げられる。

ⅱ）グリーンノート　そのキャラクターによって数多くのカテゴリーに細分化されている。

①リーフィーグリーンノート　木の葉や草を想起させる。爽やかで清潔感のあるアクセントを付与することができる。(3*Z*)-ヘキサ-3-エン-1-オール，リグストラールなどがその代表である。

リグストラール

②バイオレットグリーンノート　スミレの葉から抽出したアブソリュートバイオレットリーフを代表とする。華やかさと高級感を演出できる。2-ノニン酸メチル，ウンデカベルトールなどが頻繁に使用される。

ウンデカベルトール

③ガルバナムグリーンノート　ガルバナムオイルに代表されるグリーンノート。特に男性用香水製品に頻繁に用いられ，力強い爽やかさを演出できる素材である。アリルアミルグリコレート，ダイナスコン

（フイルメニッヒの登録商標）などが使用される。

iii）フルーティーノート　フルーティーノートを特徴とした商品がさまざまなジャンルで人気である。自然界に存在する数多くのフルーツのにおいが研究され，酪酸エチル，ヘプタン酸アリルなどのエステル類やγ-ウンデカラクトン，γ-デカラクトンなどのラクトン類を用いて天然のフルーツのにおいが再現されている。フレグランスにおいては爽やかなグリーンアップルやペア，マンゴーなどのトロピカルフルーツ，ラズベリーなどが人気である。

B. ミドルノート

フローラルノート　ローズ，ジャスミン，スズラン，ライラックは四大フローラルノートと呼ばれる。オレンジフラワー，カーネーションなども加えたこれらのフローラルノートはフレグランスの創作には欠かせない要素として使用される。

前述のシェーマにおいてもこれら4種類のフローラルノートの再現は必須であり，きわめて重要な過程とされている。フローラルノートは香水をはじめさまざまな商品向けのフレグランスに欠かせない要素であり，ローズやジャスミンなどの天然香料だけではなく，数多くの合成香料が存在する。なかでも透明感のあるジャスミンのような香りをもったジヒドロジャスモン酸メチルは，いろいろな用途に最も頻繁に使用される香料である。

また，近年の日本市場では季節を感じるフローラルとして，サクラやキンモクセイの香りをうたった限定品などの製品も増え，フローラルのバリエーションの高まりを感じる。表3.36に代表的な花と使用される主な香料の一覧を示す。

C. ベースノート

i）ウッディノート　サンダルウッドやセダーウッドなどの木の香りを表す。ほかには高級香水に使用されることの多いベチバー（イネ科の植物。ベチバーの根茎から得られる天然香料），シプレタイプには欠かせないパチュリなど天然香料の役割が非常に大きいのがウッディノートである。

表3.36 フローラルノートとして使用される代表的な花とそれを表現する主なにおい成分

花	主なにおい成分
ローズ	2-フェニルエタノール, シトロネロール, β-ダマセノン
ジャスミン	ジヒドロジャスモン酸メチル, 酢酸ベンジル, インドール
スズラン	ヒドロキシシトロネラール, フロローザ, シクラメンアルデヒド
ライラック	シンナミルアルコール, α-テルピネオール, 酢酸シンナミル
オレンジフラワー	アントラニル酸メチル, メチル 2-ナフチルケトン
カーネーション	イソオイゲノール, オイゲノール
サクラ	アニスアルデヒド, クマリン
キンモクセイ	リナロール, β-イオノン, γ-デカラクトン

ii) アンバーノート 天然香料のアンバーグリス（竜涎香）をその語源とする。アンバーグリスは現在使用されていない。最も汎用性が高く, 天然のアンバーのような香りを再現できるアンブロックスが広く用いられている。また, アンバーノー

アンブロックス

トには効果的な素材が多く存在し, セドランバー, チンベロール（シムライズの登録商標）などさまざまな合成香料が使用されている。

iii) ムスクノート ムスクはジャコウジカに由来する香りで, 調合香料中において優しさややわらかさを表現するうえで欠かせない素材である。ムスクには香りを持続させる保留効果の高い素材が多く, ベースノートの中心的役割を果たしている。ムスクノートには数多くの合成香料が存在し, その物質の構造から大きく4つのカテゴリーに分け

表3.37 ムスクノートの合成香料

分類	においの特徴	主な化合物
ニトロムスク	構造中にニトロ基をもつムスク。力強さがあり, 少量で他のにおい物質全体をボリュームアップする効果が高い（第2章参照）。	ムスクケトン
多環式ムスク	安定性やコストパフォーマンスの観点から, 汎用性の高いムスクノートの素材。別名ポリサイックムスクとも呼ばれる。	ガラクソリド トナリド
大環状ムスク	天然香料である麝香に含まれるムスコンに代表される。広がりがあり, ナチュラル感のあるムスクノートの素材。別名マクロサイクリックムスクとも呼ばれる。	ムスコン ペンタデカノリド
脂環式ムスク	クリアな印象をもつ拡散性に優れた軽やかなムスク。	ヘルベトリド

られる（表3.37）。

　以上が各パートに使用するにおい成分の分類である。このパートを組み合わせてフレグランスを創る。画家がパレットに絵の具を用意して絵を描くように，パフューマーは記憶したにおい成分の組み合わせとバランスを図りながら自らのイメージを香りで表現する。組み合わせる成分数は数百種類というのも珍しくない。次にその具体例をみていこう。

4. 香水の香りと分類

　今でも欧米の香水の売り上げのトップを競い，時代を超えた名香といわれているシャネルN°5（シャネル/1921）。この香水は作者のエルネスト・ボーが白夜の北極圏を旅したときのイメージをもとに創作したといわれている。

　パフューマーは，頭に浮かんだアイデアやイメージを天然香料や合成香料を使って表現していく。素材どうしの新しいアコード（組み合わせ）を探求したり，それまでに研究した処方をもとに新しい香りを組み上げていったりと方法はいろいろあり，決まったルールはない。選ぶ素材もその割合も，すべてパフューマーのイマジネーションに任されている。そして香りのレシピである処方を書いては試し，試行錯誤をくり返して新たな香りが創作される。

　まず，さまざまな香粧品の香りの基礎ともなっている香水について，女性用，男性用の順に香りの特徴を捉えてみよう。

A. 女性用香水の香り

　女性用香水の香りはシトラス，フローラル，オリエンタル，シプレの4つのタイプに大別される。

ⅰ）シトラス　トップノートのレモン，ベルガモット，オレンジなど柑橘系を中心にした，爽快感が特徴となるタイプである。代表的なシトラスタイプの香水としては4711オリジナル（ミューレンス/1792）が挙げられる。4711オリジナルは，特に天然香料であるネロリ油（オレンジフラワー精油）のにおいが特徴的に使用されており，別名ネロリコロンと呼ばれる。

女性用香水

ⅱ）フローラル　ローズ，ジャスミン，スズランなどの花の香りのフローラルノートが中心となって構成されているタイプ。やわらかいムスクの残香で人気の高いフラワー バイ ケンゾー（ケンゾー/2000）や華やかなオレンジフラワーノートが特徴となっているビヨンド パラダイス（エスティ ローダー/2003），大胆にローズノートを用いたクロエ（クロエ/2008）がフローラルタイプの代表作である。また，フローラルタイプの香水にはさまざまなアクセントが使用され，数多くのバリエーションが存在する。次に特徴的なアクセントを使用した代表的な香水を示す。

①フローラルグリーン　ミドルにジャスミン様の香りのジヒドロジャスモン酸メチルを大胆に使用し，トップのバイオレットグリーンノートのアクセントとともに，すっきりとした独特の透明感を表現したプレジャーズ（エスティ ローダー/1995）やミ・ラ・ク（ランコム/2000）などが挙げられる。表3.38にフローラルグリーンタイプの処方例を示す。

②フローラルアルデヒド　トップにウンデカ-10-エナールなどの脂肪族アルデヒドのアクセントを用い，華やかなフローラルノートを表現したシャネルN°5が代表的である。シャネルN°5は発売時，これ

γ-メチルイオノン

表3.38 フローラルグリーンタイプの配合比（重量）

成分名	配合比
エチルリナロール	40
アセト酢酸エチル	20
リグストラール	1
アブソリュートバイオレットリーフ	2
シスジャスモン	2
酢酸ベンジル	10
ジヒドロジャスモン酸メチル	270
α-ヘキシルシンナムアルデヒド	20
シトロネロール	30
フロローザ	80
γ-メチルイオノン	20
イソイースーパー	20
アンブロックス	2
エチレンブラシレート	100
ガラクソリド	150

までにないフローラルタイプとして人気を博し，新しい香りの代名詞ということでモダンフローラルとも呼ばれた。

③フローラルフルーティー　近年の香水の多くにはトップにフルーティーノートが使用され，アクセントとして欠かせない素材となっている。カシスとラズベリーのみずみずしいフルーティーノートで人気を博したベビードール（イヴ・サンローラン/1999）などが有名である。

ⅲ）オリエンタル　オリエンタルは「東洋的な」という意味の言葉であるが，香水でいうオリエンタルは特に中東やインドをさす。バニラやバルサムなどのベースノートの甘さが特徴で，さらにベースノートにアンバーノート，またトップノートには香辛料の香りであるスパイスノートなどをアクセントとして用いることが多い。代表的なオリエンタルタイプの香水はシャリマー（ゲラン/1925）である。また，砂糖を焦がしたような甘さをもつマルトールやエチルマルトールなどを大胆に用いた香水も多くみられるようになってきた。その代表がエンジェル（ティエリー ミュグレー/1992）であり，その流れを汲む香水も数多く発売され，焼き菓子などの食品を連想させるグルマンノートが特徴の香りもある。

ⅳ）シプレ　シプレとは，地中海にあるキプロス島を訪れたコティの創業者フランソワ・コティが柑橘のベルガモットと樫の木につく苔で

第3章　香料

あるオークモスを用いてこの島をイメージしたシプレ・ド・コティ（コティ/1917）を創作したことに由来する。その後，トップノートに脂肪族アルデヒドなどを用いてアレンジされたアルデヒドシプレや，γ-ウンデカラクトンを用いてピーチ，プラム様のフルーティーノートをアレンジしたフルーティーシプレなどさまざまなバリエーションが生まれた。前者の代表的な香水にはミス ディオール（ディオール/1947），後者にはミツコ（ゲラン/1919）やラッシュ（グッチ/1999）などが挙げられる。

B. 男性用香水の香り

男性用香水の香りはシトラス，フローラル，フゼア，ウッディ，オリエンタル，シプレの6つのタイプに大別される。

男性用香水

ⅰ）シトラス　女性用香水と同様に，トップノートのレモン，ベルガモットなどの柑橘系を中心とした爽快な香りである。アクセントとしてスパイスやラベンダーの香りなどが用いられることも多い。代表的なシトラスの香水はオー ソバージュ（ディオール/1966）で，シトラスのほかにクローブなどのスパイスノートやラベンダー，ベチバーなどが用いられている。近年では季節限定型の商品が増え，さまざまなブランドからシトラスタイプなどの爽やかなサマーフレグランスが発売されている。

ⅱ）フローラル　女性用香水と同様にミドルノートのフローラル素材が特徴的に使用されている香りである。代表的なフローラルタイプの男性用香水には，トップノートのバイオレットグリーンが特徴的なファーレンハイト（ディオール/1988）が挙げられる。

ⅲ）フゼア　フゼアとは本来「シダ」を意味する言葉であるが，香水

におけるフゼアとはフゼア・ロワイヤル（ウビガン／1882）の香りに由来する。ラベンダー，ゼラニウム，クマリンを中心としたアコードが男性らしいたくましさを感じさせる香調であり，代表的な商品としてはパコ ラバンヌ プール オム（パコ ラバンヌ／1973）が挙げられる。その後，クールウォーター（ダビドフ／1988）など，トップノートに爽やかなジヒドロミルセノールを大胆に使用した商品が多くみられ，特徴的な爽やかさを演出している。表3.39にフゼアタイプの処方例を示す。

iv）**ウッディ** セダーウッド，パチュリなど木の香りを特徴にした力強く，温かみのある香りである。代表的なウッディタイプの香水にはエゴイスト（シャネル／1990）があり，ベースノートのバニラ，ミドルノートのローズのアクセントとともにサンダルウッドの香りが特徴となっている。近年の商品では天然香料よりイソイー スーパーなどの合成香料を大量に使用した商品が多くみられる。トップのグレープフルーツ，ベースのベチバーが特徴的なテール ドゥ エルメス（エルメス／2006）は大量にイソイースーパーを使用したウッディタイプの香水の代表例である。

v）**オリエンタル** 女性用の香水と同様にベースノートのバニラ，バルサムなどの甘さが特徴の重厚な香調である。アビ ルージュ（ゲラン／1965）やオブセッション フォー メン（カルバン クライン／1986）などがその代表格である。女性用と同様にエイ★メン（ティ

表3.39　フゼアタイプの配合比（重量）

成分名	配合比
ベルガモットオイル	150
レモンオイル	100
酢酸リナリル	70
ラベンダーオイル	50
ローズマリーオイル	30
ゼラニウムオイル	30
ゲラニオール	50
酢酸イソボルニル	70
オイゲノール	30
フロローザ	50
γ-メチルイオノン	50
パチュリオイル	20
アブソリュートオークモス	5
イソブチルキノリン	0.4
トナリド	80
クマリン	80

エリー ミュグレー/1996) など，砂糖を焦がしたような甘さをもつ
エチルマルトールを使用した商品もみられる。

vi）シプレ　女性用と同様にベルガモットとオークモスを特徴とする
香調であるが，男性用ではさらに革のようなにおいであるレザーノー
トやパチュリなどのウッディノートが併用されることが多い。アラミ
ス（エスティ ローダー/1964）がその代表格である。

　以上のように，香水には基本的な香りのタイプがあり，さらに特徴
あるアクセントによって数多くのバリエーションが創り出されてき
た。そしてこれらの香水の香りがシャンプーや柔軟剤などのさまざま
な日用品の香りに応用されている。

C. シェアードフレグランスの香り

　昨今のジェンダーフリーな時代背景を象徴しているのか，纏う人の
性別を限定しない香り，「ジェンダーフリー」なフレグランスが活況
である。以前は男女どちらでもつけられる香水はユニセックス調と分
類され，シトラス系などの爽やかな香りで表現されることが多かった
が，昨今は植物の素材感を感じる香りや，シャボンを想起するような
清潔感のある香り，思い出の情景をテーマに掲げた香りなど，香りに
も多様性が現れている。

5. フレグランスの用途

　香料は，普段私たちが目にするさまざまな商品に使用されている。
その用途は，香水製品，フェイスケア製品，ヘアケア製品，ボディケ
ア製品，ファブリックケア製品，芳香剤，入浴剤，洗浄剤など多岐に
わたる。用途により求められる香りや該当する法規・規制が異なるた
め，使用される香料はその用途に合わせてテーラーメイドで設計され
ることが多い。次に各用途別の商品の香りの傾向と香料に求められる
基準などを紹介する。

A. 香水製品

　香水，オードトワレ，コロンなど，香料の添加量に応じてその呼称

が異なる。いずれの場合もエタノール（場合によっては水を含む）に溶解させた形態で，添加する基材に由来する嫌なにおいのマスキングなどの制約が比較的少ないが，直接肌に触れ，香料の添加量が高いため，安全性

表3.40　フレグランス用途分類一覧表

商品群	用途
香水	香水，オードトワレ，コロン
フェイスケア	化粧水，ローション，ファンデーション
ヘアケア	シャンプー，コンディショナー，スタイリング剤，ヘアカラー剤，パーマ剤
ボディケア	石けん，ボディソープ，ボディローション，ハンドソープ，制汗剤
ファブリックケア	粉末洗剤，液体洗剤，柔軟剤，洗濯糊
芳香剤	トイレ用・室内用・車用芳香剤
入浴剤	粉末・固形・液体・粒状入浴剤
洗浄剤	台所用洗剤，ガラスクリーナー，トイレ用洗浄剤，浴室用洗剤

や着色・変色に対しては注意を必要とする。前述のように揮発性の違いによりトップノートからベースノートまで，香りの構成を分けて考えることが多い。また，使用直後から数時間後，そして翌日の肌に残る香りも評価しながら設計する。

B. フェイスケア製品

　フェイスケア製品は，化粧水，ローション，ファンデーション，クリーム，洗顔料など多岐にわたるカテゴリーであるが，顔につけたり洗い流さずに使用される商品が多いため，高度な安全性が要求され，より厳しい基準で香料の設計を行う。以前より華やかで強さのあるフローラルアルデヒドタイプが好まれてきたが，よりナチュラルな香調や，フローラル，グリーンアクアティックなどさまざまな香調が好まれるようになってきた。

C. ヘアケア製品

　シャンプー，コンディショナー，スタイリング剤，ヘアカラー剤，パーマ剤などがこのカテゴリーに含まれる。

ⅰ）シャンプー，コンディショナー，トリートメント　商品状態の香りとともに，洗浄中，洗い上がり，翌朝の残香など，各段階における香りを考慮して設計する。清潔感のあるフレッシュなフローラルグリーンの香調を多く用いるが，髪の保湿やダメージ修復などをより訴求

した商品では，みずみずしい
フルーティーノートを大胆に
使用したものや，オリエンタ
ルタイプの高級感のある香調
の商品もみられる。

ⅱ）ヘアスタイリング剤　フ
ォーム，ジェル，ワックス，
スプレーなど多くの商品形態
が存在する。一般的にセット

ヘアケア製品

剤の基材の嫌なにおいをマスキングし，シャンプーなど他のヘアケア
製品と調和のとれる香調の商品が多い。近年ではアップルやペアな
ど，トップノートにフルーツの香りを大胆に使用した商品が多くみら
れるようになってきている。

ⅲ）ヘアカラー剤　基材にアルカリ剤としてアンモニアを含む場合，
マスキング力の高い香料が望ましい。同時にアルカリ性の基材である
ため，香料の組成もよりアルカリ性下で安定であるものでなければな
らない。

ⅳ）パーマ剤　ヘアカラー剤と同様にアンモニアを含む強アルカリ性
の液性である。さらに髪を柔軟にするための還元剤として強い硫黄臭
を放つチオグリコール酸を使用している基材が多く，香料にはその臭
気に対するマスキング効果も要求される。また，施術時の香りだけで
はなく，洗髪後，翌日，1週間後など長期間の観察を経て香りの評価
を行うことが一般的である。

D. ボディケア製品

　ボディケア製品とは，石けん，ボディソープ，ボディローション，
ハンドソープ，制汗剤など，顔以外の肌に触れる商品群である。

ⅰ）石けん　石けん基材は一般的にアルカリ性で，開封後は空気に触
れて酸化されやすい。そのため石けん用の香料には，アルカリ性下で
安定で，酸化に対しても強いことが求められる。ローズを中心とした
フローラルタイプの商品が代表的である。

ii）ボディソープ　液性は，弱酸性から弱アルカリ性が多く，石けんに比べて香料の組成に自由度が高い。レモンライムやグレープフルーツなどの爽やかなシトラスタイプ，ローズなどのフローラルタイプ，ピーチやマンゴーなどの

ボディケア製品

フルーツをモチーフにしたタイプなどが人気である。

iii）ハンドソープ　主に家庭での手指の洗浄を目的として使われる製品で，液体タイプが主流であるが，近年では泡で出てくるタイプもあり，液性は弱酸性から弱アルカリ性のものが多い。殺菌や消毒をうたったものも多く，清潔感をイメージさせるシトラスタイプ，フローラルタイプ，ソープタイプ，また子どもから大人まで家族で好まれるようなフルーツタイプの香調などがある。

iv）制汗剤　スプレー，ロールオン，シート，ウォーターなど多様な商品形態が存在する。香調は清潔感のあるシトラス，フローラル，フルーティーなどバリエーションが豊富で，石けんタイプの香りも人気である。冷感を付与するためにl-メントールを使用することも多い。

E. ファブリックケア製品

衣類用洗剤，柔軟剤，洗濯糊などが含まれる。近年は香りに対する意識が高まり，大きく成長したカテゴリーである。

i）衣類用洗剤　粉末と液体に大きく分類される。粉末洗剤のような洗

ファブリックケア製品

濯時の溶け残りがなく，手軽に使用できる液体洗剤が人気である。粉末洗剤はアルカリ性で液体洗剤に比べて表面積が大きいことから，香

料には石けんと同様に酸化に対する高い安定性が求められる。一方，液体洗剤は粉末洗剤と比べて香料設計の自由度が高く，香りのよさ，高い残香性を追求した商品も多い。洗剤の香りは商品形態，洗い上がり，乾燥後など各段階における香りを評価して設計する。洗剤の香調は清潔感のあるフローラルタイプやシトラスタイプなどが多いが，近年では明るいフルーティーノートを応用した商品も多い。

ⅱ）柔軟剤　柔軟剤は洗濯時にやわらかさを付与することが目的で開発された商品であるが，衣服やタオルなどに香りを付与し楽しむ商品や，抗菌や消臭などの機能をもった商品も多い。商品の香調のバリエーションも多く，各社からシリーズとして発売され，その人気と衣類に香りをつけることが定着している。フローラルタイプやフルーツタイプなど多彩である。

F. 芳香剤

室内用，トイレ用，車用などに分類される。玄関用や台所用など，よりターゲットを明確にした商品もみられる。商品形態も液体，ゲル状，ビーズ，スプレー，スティックなど豊富である。なか

芳香剤製品

でも最も一般的なのは液体（芳香剤液）である。主な組成は香料と水と界面活性剤で，濾紙を揮散媒体として室内などに揮散させる構造である。プラグ式（電熱器をコンセントに挿し込み，加熱することで香料を揮散させる方式）や，リードディフューザー（芳香剤液にスティックを何本か挿し込み，毛細管現象で吸上げ，表面積を広げて拡散させる方式）などさまざまな形態の商品が市場に多く投入されている。

　従来，芳香剤は単一の素材の香りをモチーフにした香調（ローズ，ピーチ，ラベンダー，キンモクセイなど）が多く，そのシンプルな強さが人気であったが，近年は庭園や北欧，木漏れ日などの情景を描写

するような名称の商品や、石けん、柔軟剤、シャンプーなど、既存商品の香りを再現する多彩な商品がみられるようになってきた。

芳香剤用の香料開発に際しては、その商品形態の特徴に合わせた組成の組み立てが強く求められる。それは香料組成が芳香剤の揮散性に大きく影響を及ぼすためである。

G. 入浴剤

商品形態から粉末、固形、液体、粒状などに大別される。使用時に炭酸ガスを発生させて温浴効果を高める商品などが人気である。入浴剤の香りは、日本人家庭の入浴習慣を考慮し、商品の開封時、浴槽への投入時、数時間後と長時間にわたって香りを評価し設計する。

入浴剤製品

入浴剤の代表的な香りとしては、ユズ、森林、ジャスミン、ラベンダーなどがある。スキンケアを訴求した液体入浴剤などでは、華やかなフローラルタイプの香調が多く使用されている。近年では季節限定の商品も多く、花や果実をテーマに毎日違った香りを楽しめるアソートパックも人気である。また、日本各地の温泉成分（ミネラルなど）を配合し、手軽に温泉気分を楽しめるシリーズも各社から発売されている。

H. 洗浄剤

食器用洗剤から台所用、トイレ用、浴室用、ガラス拭き用などの住居用洗剤とさまざまな商品が存在する。

i) 食器用洗剤　食器用洗剤の香調はレモン、ライム、オレンジなどのシトラスノートが一般的であったが、近年では家事をより楽しくするようなフルーツやフローラルをテーマにした商品がさまざまラインナップされている。さらに、まな板やスポンジの除菌、手荒れを防ぐ保湿タイプなど付加機能を訴求した商品も各社から発売されている。

ii）住居用洗剤　強酸，強アルカリ，中性とその液性は多岐にわたるため，液性に対する安定性を考慮した設計が必要である。悪臭をマスキングできる爽快なミントタイプやオレンジなどのシトラスタイプの商品が人気である。

6. フレグランスの保存安定性

このようにフレグランスはさまざまな用途に使用されるため，求められる安定性も異なる。香料の安定性を評価する際には，それぞれの基材に香料を添加し，恒温槽を用いた種々の温度条件下の試験やフェードメーターを用いた紫外線暴露などの虐待試験を行い，その条件下で長期間保存後の香り，粘度変化や沈殿物の有無，変色の度合いなどを測定，評価する。

以上のようにフレグランスは香水を出発として化粧品，石けん，シャンプー，芳香剤などさまざまなカテゴリーへ利用され，その用途を広げてきた。

かつては動植物から得られる天然香料を中心にしたものが多かったが，合成香料の発展とともに今までにない新しい特徴をもつ香調を表現できるようになってきており，今後も多くの合成香料開発が期待される。また，生活者の「におい」「香り」に対する意識は年々高まりをみせており，フレグランスの役割はますます重要になってくる。

第4章
香料開発を支える基礎技術

　科学技術は日進月歩である。香料開発を支える関連分野の技術動向も同様である。本章では，におい分析，香料の有機合成，香料の抽出，加熱調理フレーバー，バイオテクノロジーの利用，香料の乳化・粉末化における各技術の動向をみていこう。

4.1 におい分析

　においは揮発性のある化合物の集合体で，微妙な存在量のバランスによって構築されている。調合香料のクリエーションは，最終的にパフューマーやフレーバリストなどの調香師の感性に委ねられることになるが，そのヒントを天然物に求めることもできる。花の香りやおいしそうな食べ物のにおい成分を分析という手法で解き明かし，そのにおい成分を調香素材として調香師のパレットに載せる。本節では，このにおい分析の手法についてみていこう。

1. におい分析の手法

　読者の中には理科で，細く切った濾紙（固定相）に水性インク（試料）を垂らし，下部だけを水（移動相）に浸けると，濾紙に水が染み込む際に色素成分が分離するという実験を行ったことのある人もいると思う。この現象がクロマトグラフィーの原理である。複数の色素成分から成り立っているインクが，濾紙を構成するセルロースとの吸脱着の差や水への溶けやすさなどの要因で分離される。

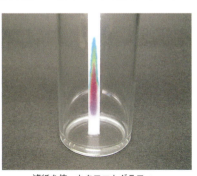

濾紙を使ったクロマトグラフィー

これが固定相との相互作用を利用して成分を分離する技術である。

この原理を応用した理化学実験で使われるクロマトグラフィーは大きく2種類に分けることができる。移動相に液体を用いるものと気体を用いるものである。におい成分は揮発性成分であるため、その分析には移動相に気体（ヘリウム、窒素、水素など）を使用するガスクロマトグラフィー（GC:Gas Chromatography）が主に用いられる。ガスクロマトグラフィーに用いる装置をガスクロマトグラフ、検出器で検知されチャート状に示されたものをガスクロマトグラムという。ガスクロマトグラフの仕組みを図4.1に示すが、主要な構成は注入口、カラム、検出器となっている。

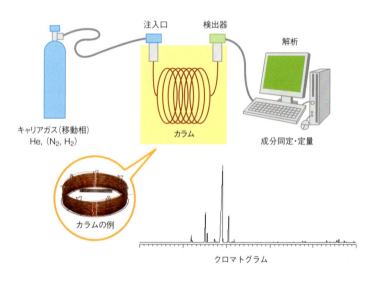

図4.1　分析装置の構成概略およびカラム、クロマトグラムの例

図4.2に示すように、においは多くの成分から構成されているが、注入口で気化した化合物群はカラム内部にコーティングされた固定相との親和性や、各化合物の沸点等の違いによりカラム内を移動する速度に差が生じ、分離されてカラム末端から流出する。このようにして

分離されたにおい成分は検出器で検出される。クロマトグラムは横軸に測定時間（保持時間），縦軸に検出強度をとったものである。ひとつひとつの成分は，山状のピークとして表され，ピークの大きさはその量を反映している。

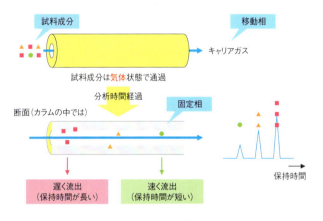

図4.2　カラム中の分離の原理

　良好な分離を得るためには，いくつもの注意点がある。まず第一に，不揮発性成分を含有する試料を導入しないということである。不揮発性成分が導入されてしまうと，導入部の温度により熱分解やポリマー化などを起こし，分析の妨げとなる恐れがある。そのため前処理（次ページ参照）を行い，不揮発性成分を除去しておく必要がある。次に，各成分を分離するために，カラムの種類，キャリアガス（移動相気体）の種類，その流量などを分析時に最適化する必要がある。しかし，多くの有機化合物から構成されているにおいを1つの条件で，成分のすべてを完全に分離させることは難しい。そのため，異なった種類のカラムや条件を組み合わせ，目的にあった測定を模索していく。カラム選定の詳細については後述する。
　それでは実際のガスクロマトグラフィー（GC）分析における揮発性成分の分離，分析についてみていこう。

2. 前処理の手法

　分析対象試料は多くの場合,不揮発性成分を含んでいる。そこから,におい成分すなわち揮発性成分を分離し,分析のために濃縮する。GC 分析では,分析サンプル中のにおい成分の濃度が高いと検出しやすいが,低濃度の場合は検出しにくいため,濃度を高くしておく必要がある。有機溶媒による抽出と,沸点の差を利用する蒸留手法がよく用いられる。蒸留操作は,有機溶媒などで抽出する前でも後でもよく,分析対象試料の特性を考えつつ行う必要がある。分析試料調製法として,凍結乾燥法とSAFE法(セーフ)について簡単に取り上げる。

A. 蒸留法

ⅰ) 凍結乾燥法　試料を凍結した状態で蒸留する手法である。概念としては減圧下で凍結乾燥を行う際に試料中の水分とともに揮発してくる成分を捕集するということである。留出した水溶液を有機溶媒で抽出,有機溶媒を除去(留去)することにより,におい成分を濃縮する。この方

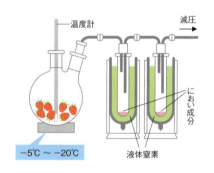

図4.3　凍結乾燥法装置の概略

法は,試料から水分が蒸発する際に気化熱を奪われ,蒸留中の試料は凍結状態に保たれるため,果実などのフレッシュなにおいを捕集するのに適している。

ⅱ) SAFE法　Solvent Assisted Flavor Evaporation の頭文字をとってSAFE法と称している。1999年,ヴォルフガンク・エンゲル,ペーター・シーベルらにより報告された手法で,低温・高真空の条件で液状の試料を蒸留することで,熱劣化が少ないままにおい成分を分離できるという特徴がある。また,SAFE装置はつなぎ目が少なく高真空を保ちつづけることができる設計となっている。得られた留出物は前述の方法と同様に有機溶媒で抽出し濃縮物を得る。

以上の蒸留操作を経て調製されたにおい成分濃縮物をGC分析することになるが、これらの方法でも検知できない成分がある。すなわち、使用する溶媒の沸点とほぼ同等の成分か、より低い沸点の成分である。溶媒を留去し、におい成分を濃縮する際ともに留去されてしまうためである。これらの成分を見出すためには、溶媒などを使用しない濃縮方法が必要であり、吸着剤がしばしば用いられる。分

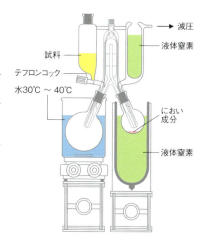

図4.4 SAFE法装置の概略

析試料を容器に閉じ込めると、低沸点の成分はヘッドスペース部（試料上部の空間）に充満する。このヘッドスペース部にあるにおい成分を吸着剤に吸着させて濃縮するのである。この手法は、動的ヘッドスペース法と静的ヘッドスペース法の2つに分けられる。

B. ヘッドスペース法

ⅰ）動的ヘッドスペース法（DHS法）

動的ヘッドスペース（Dynamic HeadSpace）法は、ヘッドスペース部の気体を動かしながらにおい成分を吸着剤に吸着させる方法である。図4.5のような実験器具を用いて捕集する。一般的に窒素などの不活性ガスを用い、フラスコ内に充満したにおい成分を押し出して、吸着剤が詰まった空間を通過させる。吸着効率を上げるため充填方式の吸着剤がよく用いられる。

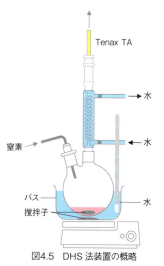

図4.5 DHS法装置の概略

ii）静的ヘッドスペース法（SHS法）

静的ヘッドスペース（Static HeadSpace）法は，吸着剤を入れた密閉空間で捕集を行う方法である。各メーカーからさまざまな工夫を凝らした吸着剤が市販されている。

これら吸着剤からにおい成分を取り出す方法としては，溶媒脱着と熱脱着が挙げられる。市販の多くの吸着剤を用いた場合には，特殊な熱脱着装置を備えたGCが必要であるが，SPME（Solid Phase Micro Extraction）については通常のGCでも使用できるので，SPMEを用いた分析報告がよくみられる。SPMEは先端部に吸着剤の塗布されたファイバー部と保護のためのホルダー部によって構成されている。分析対象試料の入った空間中にファイバー部を露出させ静置することにより，におい成分を吸着する。吸着後は，そのままGC分析できる。

図4.6　SPME法装置の概略

前処理を行う際に最も気を付けなければならない点は，揮発性成分を集めて得られたにおい成分濃縮物がもとの分析対象試料のにおいを的確に表現しているか，ということである。各工程で得られる溶液のにおいを確認しながら前処理を行うことが重要である。

最近では前処理，試料導入を自動で行うシステムも市販されており，今後のさらなる新技術開発が期待されている。

3. カラムの選定

におい分析で用いられるカラム液相の主なものとしては，無極性カラム，低極性カラム，中極性カラム，高極性カラムなどが挙げられる。このほかキラル化合物を固定相とする鏡像異性体分離カラムがある。特にキラミックス®（CHIRAMIX®）はシクロデキストリンの誘

導体を2種類以上使用した混合液相を使用することで広範囲な分析を可能にしたカラムである。図4.7に示すように,両鏡像体を含むサンプルを分析すると,それぞれ2つのピークが現れる。

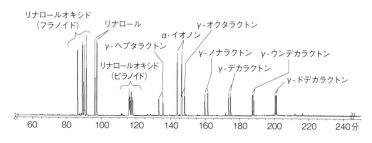

図4.7 キラミックス®による両鏡像体の分離例
リナロールオキシドはシス体,トランス体がある。

多成分を含むにおい分析には,分離目的に合わせたカラムの選択をするとともに,キャリアガスの種類や流量などの条件を最適化する必要がある。

4. 検出器

カラムの中で分離され流出した化合物は検出部で検出される。ガスクロマトグラフに使用される検出器は,目的に応じて数多くの種類が選択できる。におい分析では,水素炎イオン化検出器(FID),質量分析器(MS)などがよく用いられる。

FIDはほぼすべての有機化合物を検出することができるが,検出された成分が何であるのかを決定することはできない。得られるクロマトグラムのピークの面積は,測定試料に含まれる成分の量と相関がある。例えば,製造日の違う香料製品が確実に同じ組成であるのかをチェックすることに使用される。図4.8にレモンオイルの測定結果を示すが,この測定からだけでは,それぞれのピークがどのような化合物であるか判断することはできない。

一方,MS (Mass Spectrometer) は,分子をイオン化してで

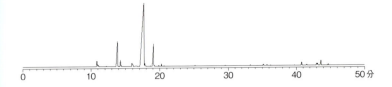

図4.8 FIDによりレモンオイルを測定した結果得られたクロマトグラム

きたイオンや,それが分解してできたイオンの質量を測る検出器である。化合物の分子量や部分構造を知ることができ,多くのにおい成分を特定することができる。図4.9にMS原理の模式図を示す。

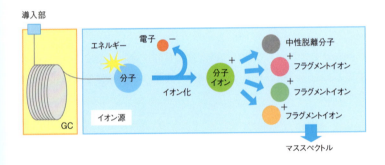

図4.9 マススペクトルが得られる原理

　カラムで分離され流出してきたにおい成分(分子)は,検出器内にあるイオン源という場所でイオン化され分子イオンとなる。分子イオンはより安定なフラグメントイオンに分解することもある。検出器では,それぞれのイオンを検出し,マススペクトルを測定することができる。

　図4.10に電子衝撃法(EI;Electron Impact)というイオン化法によるアセトンのマススペクトルを示す。43と58に大きなスペクトルが検出されている。58はアセトンの分子イオンの質量を表しており,43は分解し生成したアセチル基のフラグメントイオンの質量を表している。以上のことからこのスペクトルはアセトンのものである

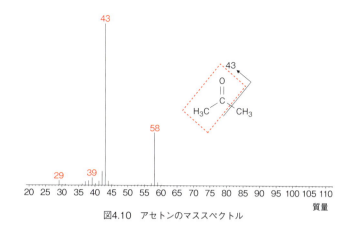

図4.10 アセトンのマススペクトル

と予想できる。アセトンのように単純な構造の化合物であれば構造の推定は容易であるが、複雑な構造の化合物では、より複雑なマススペクトルを与えるため、それぞれの既知の標準化合物についてマススペクトルを測定、データベース化し検索することが必要となる。

それでは、前述のレモンオイルについて検出器としてMSを用いるとどうなるのだろうか。

MSによって測定したクロマトグラム（図4.11）の各ピークでは、その時間に溶出する成分のマススペクトルが測定され、そのパターン

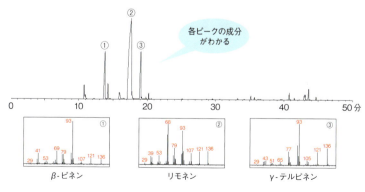

図4.11 MSによりレモンオイルを測定した結果得られたクロマトグラムおよび各ピークのマススペクトル

から化合物を推定・同定することができる。①，②，③のピークは，あらかじめ測定しておいた標品，あるいはデータベースのマススペクトルと保持時間が一致することで同定することができる。

このような検出器を用いることで，どのような揮発性化合物が含有されているかを分析できるが，これでは十分なにおい分析を行ったということにはならない。測定機器では成分の有するにおい情報を得ることができないからである。では，各成分のにおい特性（香調）を加味した分析をするためには，どうすればよいのだろうか。答えは，ヒトの鼻を検出器として用いるのである。図4.12に示した装置のようにガスクロマトグラフのカラムの出口を分岐させ，一方は検出器（FID，MSなど）に，もう一方はにおいを嗅ぐことができるポートへと接続する。検出器とポートで同時に検出できるようにコントロールすることで，各成分のにおい特性を明らかにすることができる。これをGCにおいかぎという。

図4.13にレモンオイルの「GCにおいかぎ」結果の抜粋を示す。

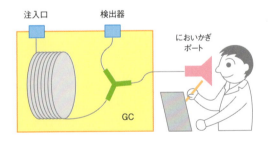

図4.12　GCにおいかぎ装置の写真および概略

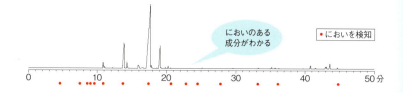

図4.13　レモンオイルのGCにおいかぎの結果

　分析を行っていくと，クロマトグラムにはピークが検出されても，においを感じないという経験や，逆にピークは検出されないものの，においを感じるという経験をすることがある。これは，におい成分の特性である閾値が大きく関係している。ピークは検出されないが，においの強い化合物（閾値が低い化合物）が，分析対象全体またはその特徴を形づくる重要な要素となることもある。「GCにおいかぎ」を組み込んだ分析を行うことは，におい分析にとって重要な方法となっている。

5. 重要成分の絞込み

　「GCにおいかぎ」で検出された成分の中で重要なものを判断するには，どうすればよいのかと疑問に思うかもしれない。この疑問を解決する方法としてはAEDA（Aroma Extract Dilution Analysis）法などの方法が開発されている。AEDA法では，においの混合物を一定の倍率で希釈し，それに対してひとつずつ「GCにおいかぎ」を行う。そして，希釈しても残ってくるにおい物質を確認する。このとき希釈倍率を一定の割合とすることが必要である。例えば，図4.14に示すように調製したにおい成分濃縮物を2倍ずつに希釈する場合には，2倍，4倍，8倍…とする。このとき希釈したサンプルはFD（Flavor Dilution）を用いて，FD 2，FD 4，FD 8…と表す。

　「GCにおいかぎ」をすると，希釈前のにおい成分濃縮物（FD 1）で最も多くの箇所でにおいを検出することになるが，希釈するに従い，その箇所は減少してくる。FD 1でにおいが検出されたそれぞれ

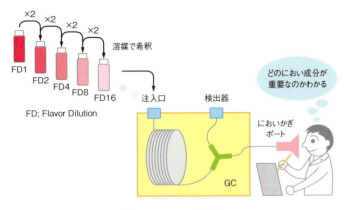

図4.14 AEDA実施概略

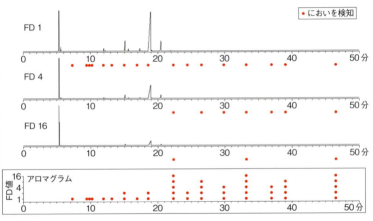

図4.15 AEDAで得られたクロマトグラムおよびアロマグラム

の箇所において、どの希釈倍率までにおいを検出できるかということを同一時間軸でプロットしたものがアロマグラムと呼ばれる（図4.15）。FD値の高い箇所で検出された成分ほどにおいへの貢献度が高いことになる。「GCにおいかぎ」で感じたにおいの強度は感覚的であいまいな尺度であるため、各成分の貢献度を比較することは難しい。AEDAを行うことで各成分の貢献度を客観的に評価することができる。

6. 成分の定量方法

　以上の分析方法により，においを成分ごとに分離し，それぞれのにおい特性を確認し，対象物のにおいの中でどのような成分が重要なのかを知ることができた。特に重要なにおい成分については，もとの対象物中にどのくらい含まれているか定量を行うこともある。そのためには純度のわかる一定量の標準化合物（内部標準）をもとの対象物に添加し，そこから揮発性成分を分離してGC分析を行い，定量しようとする成分と添加した標準化合物の測定結果の比から成分含有量を導き出す。ただし，におい分析においては，不揮発性成分の分離のために抽出，蒸留などの前処理を行うことで操作中に誤差が生じる可能性があることから，もとの試料中の含有量を正確に定量することは難しい。SIDA（Stable Isotope Dilution Assay）法を用いると，より精度が高い定量を行うことができる。添加する標準化合物として，定量したい化合物と化学構造が同じで，いくつかの原子を安定同位体元素で置換して合成されたラベル化合物を使用する。この化合物は，物理的・化学的性質が測定対象の化合物とほぼ同じであるものの，分子量が違うという特性をもつ。このラベル化合物を内部標準物質として試料に混ぜると，前処理途中に定量したい化合物が同じように損失が起こる。分子量の違いからMSでは区別して検出されるため，これを利用して定量を行う。

　近年，分析装置の革新は目覚しいものがある。しかし，漂うにおいをそのまま分析することは不可能で，一部の閾値の低い化合物の検出のためにはヒトの鼻の優れた嗅覚を活用した「GCにおいかぎ」が不可欠な手段である。においをさらに詳細に探求するためには，分析手法や機器分析と官能評価とのすり合わせ手法の開発が今後の鍵となるだろう。

　次に，以上の分析手法を用いて香料をどう組み立て，クリエーションするのかをみていこう。

7. におい分析のクリエーションへの利用

近年は、より本物に近い自然なにおいをもつ香料が求められており、最新の分析技術を応用したさまざまな香料が開発されている。

特に加工食品においては、食品本来の風味を再現するために天然感のあるフレーバーに対する要望が高まっており、その対象は、フルーツ、コーヒー、紅茶などから畜肉、海産物に至るまで多岐にわたっている。このような背景から、におい分析はフレーバークリエーションを支える重要な技術のひとつとなっている。

クリエーションを目的に、におい分析を行う際は、まず試料の選定が重要なポイントとなる。フルーツであれば、品種や季節、熟度により風味が大きく変わるため、めざすフレーバーにふさわしい試料を選定しなくてはならない。またフルーツも生果ではなく、果汁やジャムなどの加工品を対象とする場合もある。畜肉系の場合は、肉の部位の選択はもとより、茹でるのか焼くのか、焼くのであればオーブンで焼くのか、フライパンを使うのか、あるいは炭火で炙るのか…といった調理法の検討も欠かせない。

いずれにおいても、特徴の際立った良好な試料を選び、事前に官能評価を行い、全体のにおいを把握しておくことが重要である。

分析試料が決まったら、次に、におい成分の捕集法を検討する。分析機器で測定するためには、食品からにおい成分のみを取り出す「前処理」の作業が必要となる。各種抽出方法を試して得られたにおい成分濃縮物と事前の官能評価を比較し、極力近い濃縮物が得られる方法を選択する。ただし、低沸点から高沸点まで、においの全体像を解明するためには複数の方法を用いることもある。

次にさまざまな方法を駆使して捕集したにおい成分濃縮物の正体をGCにより明らかにしていく。しかし、GCで明らかとなるのはピークとなって検出された成分に限られる。検出器では測定できない微量のにおい成分を見つけ出すために「GCにおいかぎ」を行う。

図4.16に分析の一例として白ワインのにおい抽出物のGCクロマトグラムを示す。

赤い矢印で示した箇所（①〜⑫）が「GCにおいかぎ」で重要と評価されたポイントである。大きいピークが検出されているにもかかわらず、においが検知されていない箇所がある一方で、⑥⑦のようにまったくピークが検出されていなくても強いにおいが感じられる箇所が存在している。

「GCにおいかぎ」の様子

におい成分はそれぞれにおいの強さ（閾値）が異なるため、含まれる量で重要度を判断することはできない。「GCにおいかぎ」は、数百にも及ぶにおい成分の中から、重要かつ特徴的なにおいを判別する有効な手段である。またAEDA法は、「GCにおいかぎ」により検出成分の重要度を数値化する方法のひとつである。

フレーバリストは、この「GCにおいかぎ」をくり返すことで、個々の成分の官能特性を明らかにし、調香上で有用なにおいを見つけ出していく。

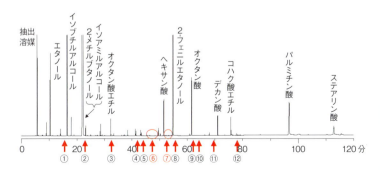

図4.16　白ワイン抽出物のクロマトグラム

また「GCにおいかぎ」により，多数の成分の集合体である食品のにおいを分解して嗅ぐことで，フレーバーを創るうえでのインスピレーションも得られる。「GCにおいかぎ」はフレーバリストにとってクリエーションの第一歩ともいえる作業である。

　こうして得られた分析データをもとに，においの再構築を行う。ガスクロマトグラムのピーク面積から各々の成分の量的なバランスがわかるのだが，そのデータどおりに調合してももとの食品の香りを再現することは難しい。なぜなら，食品の香りは物理的および化学的性質の異なる多数の成分から構成されており，成分を抽出する過程でそのバランスが変化してしまうことが多いためである。そこで，フレーバリストによる官能調整が必要となってくる。やみくもに成分比を変えても，目標とする「におい」「香り」に到達することはできない。フレーバーを創る際は，まず官能評価により対象となる食品がどのようなにおい特性から構成されるのかを十分に把握することが重要となる。

　クリエーションは，まず，その食品のにおいを特性ごとに分割して捉えたアロマプロファイルをつくることからはじまる。一例として，沖縄産純黒糖のにおいを分析した際に作成したアロマプロファイルを図4.17に示す。黒糖のにおいを，基幹となる砂糖のような甘いにおいを中心として，ロースト感，グリーンノート，ハニー感，スモーキー，発酵感，酸臭の7つの要素に分類した。

　次にこのアロマプロファイルに分析で見出された個々の成分を当てはめていく。この際，各成分が黒糖のどのようなにおいの特性に貢献しているのかを明確につかむことが重要である。各成分のにおいの特徴とアロマプロファイルを関連づけ，目的に合った原料を選択し，フレーバーの骨格を構築する。

　近年は分析技術の革新の恩恵を受け，また「GCにおいかぎ」を含めた分析データから得られる情報をもとにして，より目標に近いにおいの構築が可能となってきている。

　しかし，単に本物の食品の「におい」「香り」を再現しただけでは

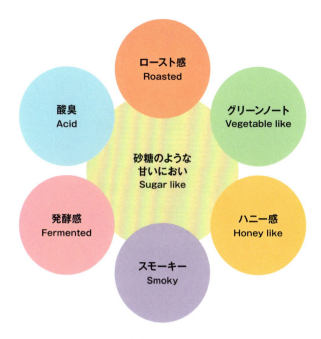

図4.17 沖縄産純黒糖のアロマプロファイル

フレーバーの完成とはならない。「より新鮮な」「よりインパクトのある」といった感覚に訴える部分は、さらにフレーバリストの感性に委ねられる。特徴成分の配合比を大幅に変えたり、思いがけない天然精油をアクセントに用いるなど、分析データにとらわれないクリエイティブな要素が加えられることにより、魅力あるフレーバーが創作される。また、単品香料（合成香料）の中には、単独では閾値以下であっても他の単品香料と組み合わせたとき、相乗効果をもたらすような化合物がある。「GCにおいかぎ」では検知されなくとも、少量添加したときに「トップノートを押し上げる」「におい全体をまとめ上げる」といった効果を発揮する成分を選択し調香に応用するのも、フレーバリストの経験とセンスが問われるところである。さらに、におい成分の相互作用や安定性をも考慮した処方設計上の工夫が求められる。

なお,たとえ天然から見出された成分であっても,すべてを自由に使用することはできず,各国の法規に則った構成にしなくてはならない。実際の調香作業は,イメージを処方箋に記し,それを調合して香味を確認することのくり返しである。フレーバーはフレグランス製品と異なり口に入るものであるため,必ず賦香品(フレーバーを添加した試作品)を調製し,風味を確認しながら調香を進めていく。「GCにおいかぎ」で見出された成分は,あくまでも「におい」として評価されたものであり,各化合物が口に含んだときの風味としてどのようにかかわってくるかを見極め,バランスを調整しなければならない。さらに,フレーバーの用途,最終商品の形態に応じても設計を変更する必要がある。目的の加工食品に添加した際に,好ましい効果をもたらすフレーバーとするためには,最終製品に近い形態の賦香品を試作し,評価することも大切である。複数のフレーバリストにより官能評価を行い,幅広い意見を取り入れながら目標とするフレーバーが創り上げられる。

　近年のフレーバー産業は,分析技術の進歩とともに発展してきたといっても過言ではない。最新の分析機器と人間の官能との共同作業により,従来にない優れたフレーバーが次々と開発されている。最近では,食品を摂取したときに口の中で起こるにおい変化を解明し,フレーバー開発に応用する研究も行われている。

　また,微量のにおい成分が甘味やうま味といった「味」をエンハンスする効果が報告されており,減塩や減糖をうたった商品を開発する際に失われた風味を補う素材としてのフレーバーも開発されている。

　このように「おいしさ」にかかわる要素のひとつとして,食品の「におい」「香り」の重要性はますます注目されている。最新の分析技術と調香技術との融合により開発されるフレーバーの需要は,今後,より一層拡大していくと思われる。

4.2 香料の有機合成

香料化合物は、ほぼすべてが有機化合物であるため、香料の研究・開発・発展には有機化学が重要な役割を担っている。特に香料化合物の合成に関しては、有機合成化学の知識と技術が重要となる。

有機合成化学とは、モノをつくるための化学であり、すなわち単純な有機化合物から官能基変換や結合生成などの有機合成反応を用いて、より複雑な有機化合物を合成する化学のことをいう。「香料化合物の合成」といっても決して特殊なものではなく、普通の有機合成反応を組み合わせて香料化合物を合成するのであり、医薬品や農薬、化成品などの合成と何ら変わらない。香料の有機合成においては経済的要因も大切であり、既存の安価な原料から短工程で高付加価値な製品を高純度・高収率でつくるための合成方法の開発が重要な課題となる。

本節では、高付加価値製品の例としてキラル香料とスペシャリティ香料の合成に関して実際の開発例でみていこう。

1. キラル香料の合成

2.2節と3.2節で述べたように、天然物中の不斉炭素を有しているにおい成分は、ある立体異性体が過剰に存在している(天然型という)ことが多い。それゆえ、より天然に近いものをとの観点からも、香料原料に天然型の立体異性体を使用することが望まれている。ある立体異性体が過剰に存在する香料をキラル香料という。立体異性体は異性体間でにおいが大きく異なっていることが多いため、それぞれの立体異性体のにおいの評価や天然型のキラル香料の開発は、キラル香料研究の重要な課題である。

キラル香料の調製方法には、天然素材を利用する方法(天然香料や単離香料)と有機合成反応による方法がある。天然素材を利用して得られるキラル香料は、質・供給・価格が不安定であり、安定してキラル香料を得るには、有機合成反応による方法が望ましい。合成する手段としては「不斉合成法」「光学分割法」「キラルプール法」がある。

「不斉合成法」とは，キラル補助剤や不斉触媒を用いた有機合成反応を行ってキラル香料を合成する方法である。第3章で紹介したl-メントールの合成などに利用されている。環境負荷や経済的要因から酵素を利用した不斉合成法も多く開発されている。「光学分割法」とは，ラセミ体をそれぞれの立体異性体に分離する方法のことをいい，結晶化や酵素反応，クロマトグラフィーによる方法が用いられる。一方「キラルプール法」とは，容易に入手できるキラルな原料を用い，その不斉構造を活かして化学変換していく方法である。これらの方法はいずれも長所と短所を有しており，選択性，鏡像体過剰率（enantiomeric excess；ee と略）や価格面を考慮して最良の方法を選択することが重要である。

次にキラル香料の合成例から，有機合成化学がキラル香料の調製と立体異性体間のにおいの差の解明に役立っていることを示す。

A. (*R*)-δ-デカラクトンの合成

δ-デカラクトンは乳製品系のフレーバーによく使用される香料化合物で，クリーミーなナッツのような強く甘いにおいを有している。天然には，乳製品をはじめ，モモ，イチゴなどのフルーツ，酒類，紅茶からも発見されている。δ-デカラクトンは，ラズベリー中には(*S*)-体（スイート，フルーティー，モモのようなにおい）が，モモやチェダーチーズなどの乳製品中には(*R*)-体（スイート，フルーティー，ミルクのようなにおい）が過剰に存在していることが知られており，各種フレーバーに天然感を付与させるためには，それぞれの鏡像異性体を使用することが望ましい。そこで，ピーチや乳製品フレーバー用に(*R*)-δ-デカラクトンの合成法が開発された。

2-ペンチルシクロペンタノンを出発原料に，酪酸無水物によるエノールエステル誘導体への変換後，酵素を用いた不斉加水分解反応（酵素が基質の立体構造を認識して片方の立体異性体が優先して生成する）により，鏡像体過剰率＞80％ ee の(2*R*)-2-ペンチルシクロ

ペンタノンへと導く。ここが(R)-δ-デカラクトンを得るための重要な部分となっている。次いで，過酢酸で酸化，蒸留精製することにより鏡像体過剰率＞80% ee の(R)-δ-デカラクトンを得る。

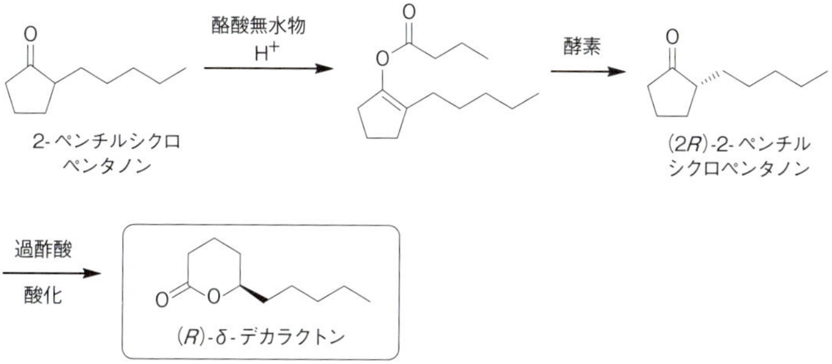

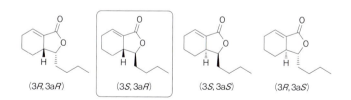

図4.18 (R)-δ-デカラクトンの合成

B. セダノリドの立体異性体の合成

セダノリドは，セロリ，トウキなどのセリ科の植物中に存在している成分で，セロリの重要なにおい成分のひとつである。また，生理活性も知られており，抗菌活性や殺虫活性などを有している。セダノリドは2つの不斉炭素を有しているため4種の立体異性体が存在し，セロリのにおい成分中での天然型は，(3S,3aR)-セダノリド (99.9% ee) であることがわかっている。

図4.19 セダノリドの立体異性体

この4種の立体異性体のにおいの差を解明するため，それぞれの立体異性体の合成と，各立体異性体のにおい評価が行われた。

2,3-ジブロモシクロヘキサ-1-エンとバレルアルデヒドから誘導されるクロロ酢酸エステル誘導体(図4.20【A】)に対し,酵素を用いた不斉加水分解反応により2種の異性体を得て,次に官能基変換や二酸化炭素との反応を経て,セダノリドの4種の立体異性体が合成された。

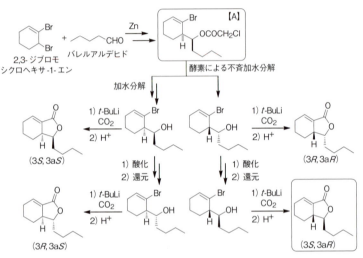

図4.20 セダノリドの立体異性体の合成

得られた4種の立体異性体のにおいを比較したところ,天然体である(3S,3aR)-体が最も検知閾値が低く,天然のセロリのようなにおいを有していることが判明した。

表4.1 セダノリドの立体異性体の評価

立体異性体	におい評価	検知閾値
(3R,3aR)-セダノリド	天然のハーブのようで,苦味感の強いセロリの茎のようなにおい	1.6 ppm
(3S,3aR)-セダノリド	天然のハーブのようで,苦味感の非常に強いセロリの葉のようなにおい	0.013 ppm
(3S,3aS)-セダノリド	においが非常に弱くセロリの印象がしない	1.9 ppm
(3R,3aS)-セダノリド	重くてスパイシーなセロリの種子のようなにおいセロリ感は弱い	0.27 ppm

2. スペシャリティ香料の合成

香料会社独自の技術で開発した特徴的なにおいをもつ香料は「スペシャリティ香料」と呼ばれる。スペシャリティ香料は市販されている合成香料ではないため、この香料を使用することで既存のフレーバーやフレグランスの質を高めたり、オリジナルの香料を創ることができ、従来品との差別化が可能となる。合成にあたっては、一から製法を考案し、さまざまな試行錯誤を重ねるので、困難な道のりである場合が多い。しかし、理想とする合成方法を追求し、独創的な製法を開発できるという点は、スペシャリティ香料の合成研究の醍醐味といえる。スペシャリティ香料の合成研究は工業化が最終目標である。工業化に適した製法、すなわち、低価格・低環境負荷で安全性の高い製法が望まれる。次にスペシャリティ香料である「ユズノン®」を例に説明する。

ユズノン®の合成

ユズノン®（ウンデカ-6,8,10-トリエン-3-オン）はユズおよびセリ科の植物ガルバナムから得られる精油中の重要なにおい成分であり、2007年に世界で初めて発見された。ユズ精油中に存在するケトンであることから、ユズノン®と命名された。においは非常に強力で、その検知閾値は類似の構造をもつ香料化合物の中では群を抜いて低い（10 ppt）。10pptという濃度は、競技用50mプールに目薬1滴分を垂らす程度でにおいを感じるというものである。ユズノン®は、他の柑橘類とユズを区別する「ユズらしさ」を表現するのに重要なにおい成分であり、ユズノン®を用いることで今までにない天然感を付与したフレーバーやフレグランスを創ることができるようになった。ユズノン®の製法に関しては、工業化に向けて2つの製法が開発された。

ひとつめの製法は、γ-ヘキサラクトンを還元してヘミアセタールへと変換後、別途調製したペンタジエニルトリフェニルホスホニウムブロミドと反応を行い、ウンデカ-6,8,10-トリエン-3-オールへと導き、ケトンへと酸化してユズノン®を得る製法である（図4.21）。

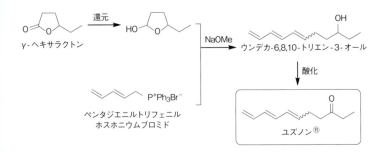

図4.21　ユズノン®の合成〈その1〉

　これはγ-ヘキサラクトンという香料原料としても使用されている安価な原料を用いた簡便な製法である。しかし，高価な試薬や環境負荷の高い試薬を使用した還元・酸化工程があり，工業化を目的とした場合には優れた製法ではない。

　そこで，より工業化に適したふたつめの製法が開発された。その製法は，2-エチルフランに酸触媒中エチレングリコールを作用させて開環し，脱アセタールを行いながら亜硫酸付加体へと変換後，ペンタジエニルトリフェニルホスホニウムブロミドと反応を行い，ユズノン®を得るというものである（図4.22）。

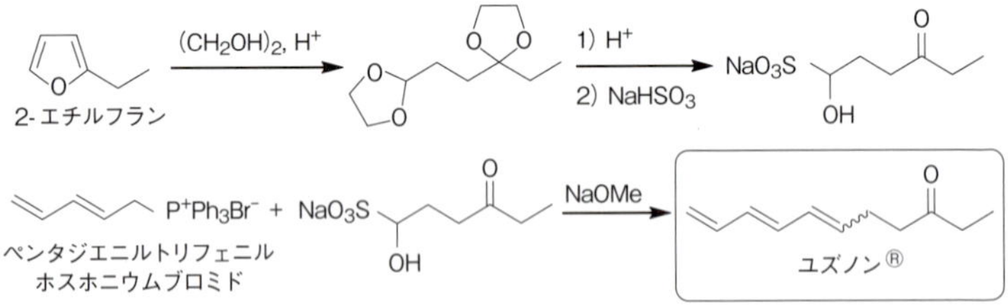

図4.22　ユズノン®の合成〈その2〉

　この製法は，容易に入手可能な2-エチルフランを出発原料として用いて，環境負荷の高い試薬をまったく使用せず，安価な試薬のみで

ユズノン®を合成できるため工業化に適している。

この節で紹介した香料化合物の合成は、ほんの一例であり、現在もさまざまな香料化合物の合成研究が行われている。香料研究において有機合成化学は「なくてはならないもの」であり、急速に進歩している有機合成化学とともに、今後も香料研究がますます発展していくことが望まれる。

4.3 香料の抽出

対象原料の内部に保留されているにおい成分や呈味成分を分離採取する方法に抽出がある。

3.2節で述べたように、香料は食品やフレグランス製品へのにおいの付与を目的として使用される。自然界に存在する天然の動植物原料から抽出される天然香料や抽出物を使用すれば、複雑で深みのあるにおいの付与が可能になる。そこで本節では、天然香料基原物質リストに載っている天然原料から、良質なにおいを得るうえで最も重要な操作因子となる抽出技術ならびに濃縮技術についてみていこう。

1. 抽出

花、葉、果実、種子、幹、根などの植物原料に含有される天然成分の大まかな分類とその主な抽出方法を図4.23に示す。天然成分は油脂に溶解しやすい油溶性と水に溶解しやすい水溶性に分けられる。油溶性成分は、主に有機溶剤抽出、超臨界二酸化炭素（以下、超臨界CO_2）抽出、圧搾により抽出することができる。また、油溶性成分のうち、揮発性成分は主に水蒸気蒸留により分離することができ、水溶性成分は主に水抽出により抽出される。また、図4.24に抽出方法と抽出装置を方式別に示し、図4.25に代表的な装置の概略図を示す。実際には、抽出対象物や用途に応じて最適な抽出方法を選択し、組み合わせることになる。

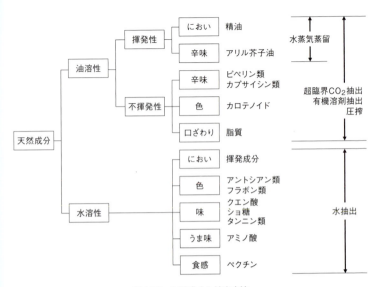

図4.23 天然成分と抽出方法

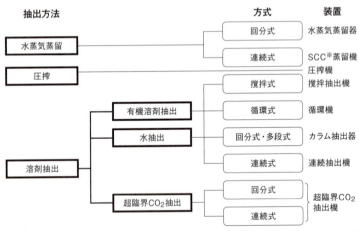

※SCC：Spinning Cone Column（スピニング・コーン・カラム）

回分式：原料投入，抽出，回収の各工程を順番に行い製造する方式
連続式：原料投入，抽出，回収の工程を同時に行い，操作が途切れずに製品を生産する方式
多段式：回分式を複数並べて製品を生産する方式

図4.24 抽出方法と方式・主な装置

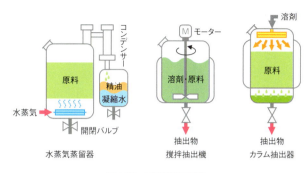

図4.25 抽出装置の概略

A. 水蒸気蒸留

　水蒸気蒸留は，加熱によって発生する高温な水蒸気（気体）を加熱源として原料に当て，必要とする高沸点物質の沸点を下げて留出させる方法である。相互に溶け合わない水と目的物質の混合液では，両者はそれぞれ単独に存在するときと同じ蒸気圧を示すため，両者の蒸気圧の和が外圧と等しくなる温度で沸騰する。つまり，精油成分の沸点は150～300℃付近のものが多いが，実際の沸点よりも低温で留出分離が可能となり，高温による分解や変質を少なくすることができる。植物から精油などを得る際に頻繁に利用される。なお，蒸留方式の違いにより，回分式（図4.25左）と連続式（図4.27）に分けられる。蒸留器は，8世紀の錬金術にその発明の起源があり，13世紀頃には現在の水蒸気蒸留の基本形である蒸留器のランビキが開発されている（図4.26）。

　操作が比較的簡便で大量処理が可能であるが，高温な水蒸気で熱変成しやすい成分には適さない。回分式水蒸気蒸留では，におい成分の回収率が高い。

図4.26 ランビキ蒸留器

B. スピニング・コーン・カラム蒸留

　水蒸気蒸留では，フレッシュなにおい成分（低沸点成分）が比較的高温にさらされるため変質しやすい。水蒸気蒸留のひとつに，このフレッシュなにおい成分を採取するのに適した装置としてスピニング・コーン・カラム（以下，SCC）がある。SCCは，ワインのアルコール分を除去する装置として使用されはじめ，果汁，茶，コーヒー等のにおい成分回収などに使用範囲が広がっている。図4.27に示すように，SCCは，カラム中心部の回転軸を動力とした回転する円錐とカラム内壁に固定された円錐が交互に等間隔で配置された構造を特徴とする，気液向流接触による連続式水蒸気蒸留装置である。原料の液体もしくは固形分を含むどろどろしたスラリーは，カラム上部より供給され，回転円錐の遠心力で薄膜状となり，回転円錐から固定円錐へと連続的に流れ落ちる。一方，水蒸気（気体）はカラム下部より供給され，薄膜状の原料と連続的に向流接触するため，原料中のにおい成分の高効率な水蒸気蒸留が可能となる。さらに，水蒸気との接触面積が大きく短時間での蒸留が可能であり，熱劣化が最小限に抑えられたフレッシュで高品質のにおい成分を得ることができる。気化したにお

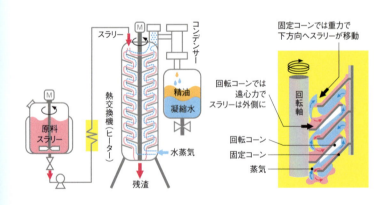

図4.27　SCCの構造概略

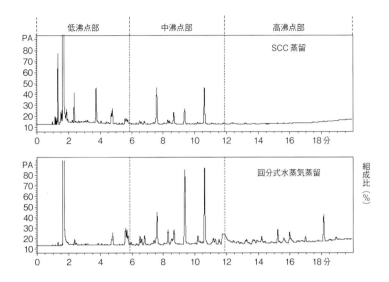

図4.28 焙煎コーヒーの水蒸気蒸留品とSCC蒸留品のGC分析結果，およびにおい成分の比較

い成分は，水蒸気とともにカラム上部よりコンデンサーに導入され，冷却されて精油，あるいはにおい成分を含んだ凝縮水となる。

具体例として，回分式水蒸気蒸留と連続式SCCを比較してみよう。焙煎コーヒー豆の水蒸気蒸留品とSCC蒸留品について，それぞれGC分析によるにおい成分の比較を行った。低沸点部，中沸点部と高沸点部の3グループに，約6分と12分の箇所で便宜的に分けたグラフの結果を図4.28に示す。ここで各グループのコーヒーのにおいの主な成分として，低沸点部ではピラジン類，中沸点部ではフルフラールなど，高沸点部ではマルトールなどが，それぞれ挙げられる。この結果から（図4.28上）SCC蒸留品は，低～中沸点成分が多く，回分式水蒸気蒸留品は，中～高沸点成分が主な組成であった。これは，フレッシュなにおいを含有する比率が高いSCC蒸留品，全体的にバランスのとれたにおいである回分式水蒸気蒸留品のにおいの特性（香調）を裏づけている。

C. 圧搾

圧搾は，原料に機械的な圧力をかけて油を搾る方法で，柑橘類の果皮のコールドプレスオイル，焙煎コーヒー，カカオやゴマなどのプレスオイルなどがある（図4.29）。柑橘類は，低温で圧搾するため，品質のよい精油が得られる一方，焙煎コーヒー豆などでは油脂とともに香味成分が同時に搾り出される。

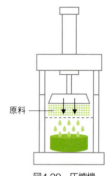

図4.29 圧搾機

D. 溶剤抽出

溶剤抽出は，有機溶剤抽出，水抽出と超臨界CO_2抽出の3つに分けられる。特に有機溶剤抽出は，有機化学の発展に伴い，19世紀後半に誕生した比較的新しい方法である。水蒸気蒸留とは異なり，比較的低温での抽出操作が可能であり，熱に不安定な成分も抽出することができるが，有機溶剤を除去する必要がある。一方，有機溶剤と水とを混合して用いる含水エタノール抽出や水抽出は，水溶性成分を抽出する際に広く使用される。

なお，においを含む揮発性成分は油溶性と述べてきたが，水に少量溶けるものもあり水抽出が可能である。

原料と溶剤の接触機構の違いにより分類すると，図4.24のように，撹拌式，循環式，回分式あるいは多段式，ならびに連続式に分けられる。撹拌式は原料と溶剤を混合して抽出する。循環式は原料を固定相として溶剤を循環して抽出する。回分式は1つの抽出塔に原料を固定相として溶剤を供給して抽出し，多段式は複数の抽出塔を連結し原料を固定相とし，一定方向から溶剤を連続的に供給して抽出する。連続式には向流連続があって，原料と溶剤ともに移動相であり，それぞれを向流接触させながら抽出する。

E. 超臨界CO_2抽出

常温常圧では気体であるCO_2は，温度，圧力によって相変化し，臨界点（31.1℃，7.4MPa（メガパスカル）（7.4MPaは海抜0（ゼロ）での大気圧＋水深約

730mに相当))においては，液体でも気体でもない両者の性質をもった状態になる。1822年，このCO_2の臨界点の発見に端を発し，その後，CO_2超臨界流体の特殊な溶解能力による各種原料からの有効成分の抽出

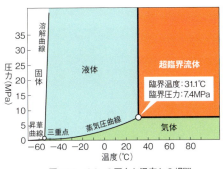

図4.30 CO_2の圧力と温度との相関

および有害成分の除去に関して数多くの研究がなされた。1978年のコーヒーの脱カフェイン，1982年にはホップの抽出が実用化され，現在では，多数の製造設備が稼動している。ちなみに，CO_2は火力発電所や化学プラントから生成するCO_2を回収して使用する。そのため，環境負荷の大きい有機溶剤の代替溶剤として注目され，一時期収束した研究があらためて見直されはじめている。

　図4.30にCO_2の圧力と温度との相関図を示す。表4.2にCO_2の気体，超臨界流体，液体状態における物性を示す。超臨界流体の密度は液体に近く，粘度は気体に近く，拡散係数（物質の濃度が場所によって異なるとき，濃度が一様になる速さの指標）は液体の100倍程度大きいことから，液体に比べて物質移動速度が速くなり，短時間で抽出対象物に浸透する。

表4.2　CO_2超臨界流体と他流体の物性比較

	気体	超臨界流体	液体
密度 (kg/m³)	0.6〜2	200〜900	600〜1600
粘度 (mPa·s)	0.01	0.1	1
拡散係数 (m²/s)	10^{-5}	10^{-7}〜10^{-8}	10^{-9}以下

　この臨界温度，臨界圧力以上の状態を超臨界状態という。この状態のCO_2を用いた抽出を超臨界CO_2抽出という。抽出溶剤としての超臨界CO_2の特性は以下のとおりである。臨界圧力が比較的低く，臨

界温度が常温に近いため，熱に不安定な天然原料のにおい成分に対する熱変性がない。また，CO_2は不活性，無害・無味・無臭，安価で大量入手が可能である。溶剤として無極性であり，超臨界状態ではヘキサンに近い溶解特性を有する。CO_2は揮発性に優れているので溶剤回収後にも残留がない。

では，実装置はどのようなものだろうか。超臨界CO_2抽出装置の概略図を図4.31に示す。原料を仕込んだ抽出槽に，加圧ポンプおよび熱交換器で液化CO_2を加圧・加温し，超臨界CO_2として導入し，原料から抽出物を得る。抽出物が溶解した超臨界CO_2は，保圧弁を介して分離槽に導入され，気体領域まで減圧し，CO_2を除去することで抽出物を分離する。CO_2は貯蔵槽に回収され，循環，再利用される。場合により，無極性の超臨界CO_2に極性溶剤である水やエタノールなどのエントレーナー（補助溶剤）を混合し，溶解度，抽出効率を増大させて抽出することもある。

それでは，実際にCO_2はどの程度，他の溶剤と抽出効率が違うのだろうか。例としてバニラビーンズからの抽出物を比較してみよう。バニラビーンズの超臨界CO_2抽出エキス，エタノール抽出後に濃縮して得たオレオレジン（溶剤抽出後濃縮したもの），および抽出原料

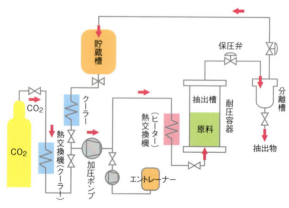

図4.31　超臨界CO_2抽出装置の概略

のバニラビーンズのヘッドスペース GC によるにおい成分分析を図4.32に示す。この結果から，超臨界 CO_2 抽出エキスはバニラビーンズヘッドスペース（4.1節2B参照）の GC パターンと酷似しており，バニラビーンズ本来のにおいが得られている。オレオレジンは濃縮工程でのにおい成分の一部損失が認められる結果となった。超臨界 CO_2 抽出技術は高圧容器が必要なため設備費が高いが，油溶性成分であるにおい成分を高選択的に溶解抽出でき，溶剤回収も不要で，高品質の抽出物が得られるという利点がある。

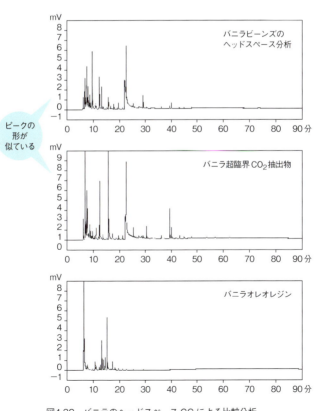

図4.32　バニラのヘッドスペース GC による比較分析

2. 濃縮

濃縮とは抽出液から溶剤を除き，濃度を上げることを意味し，包装・輸送・貯蔵経費の低減，保存安定性の増大を目的として行われ，図4.33に示す蒸発法，膜濃縮法と凍結濃縮法の3つの方法に大別される。図4.34に濃縮装置の概略図を，表4.3に各種濃縮方法の特性を示す。蒸発法と凍結濃縮法は加熱または冷却の溶剤の相平衡を伴うが，膜濃縮法は相平衡を伴わない。採用する方法によって，消費エネルギー，濃縮限界や濃縮温度に起因する品質低下などに大きな違いが生じることがある。

A. 蒸発法

蒸発法は濃縮法の中で最も歴史が古く，これまでに数多くの濃縮法が開発され実用化されている。1812年，イギリスの化学者ハワード

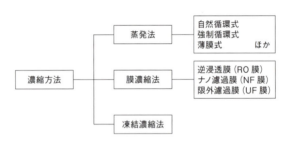

図4.33　濃縮方法の分類

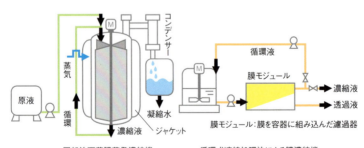

図4.34　濃縮装置の概略

表4.3 各種濃縮方法の特性

濃縮方法	原理	消費エネルギー	固形分濃度%	コスト	品質
蒸発法	気液平衡	大	＞50%	低	×
膜濃縮法	分子ふるい	小	＜30%	中	○
凍結濃縮法	固液平衡	中	＜50%	高	◎

による最初の真空蒸発缶の開発,多重効用蒸発缶の発明,圧縮機などを併用した省エネルギー技術の開発などを経て現在に至っており,種類も多岐にわたっている。現在は,抽出液の薄膜化による高い蒸発効率の達成という利点から,薄膜式蒸発濃縮機が主流となっている。通常は減圧下で沸点を下げて濃縮を行うが,実際にはエネルギー消費が他の方法に比べて最も大きく,また加熱が必要である。そのため,有効成分の熱変性やにおい成分の散逸などにより大きな品質低下を起こすことが多いという欠点がある。

B. 膜濃縮法

膜濃縮法は,圧力を駆動力とする逆浸透膜(RO膜),ナノ濾過膜(NF膜),限外濾過膜(UF膜)が一般的に利用される。歴史的には,1950年代にアメリカにおいて海水の淡水化を目的とした技術開発が進められ,1960年代に工業的利用が可能なRO膜が発明された。時期を同じくしてUF膜も開発され,1970年代以降に工業化された。表4.4にそれぞれの膜特性を示す。膜濃縮は,相変化を伴わない常温

表4.4 膜の特性

分離法	膜の材質	分画分子量	操作圧力	膜を通過する物質	用途
逆浸透 (RO)	高分子膜	―	数百kPa〜 数MPa	水	トマト果汁の 濃縮
ナノ濾過 (NF)	高分子膜 金属コロイド膜	分子量 100〜数千	数百kPa〜 数MPa	水および塩	チーズホエーの 濃縮と脱塩
限外濾過 (UF)	高分子膜 金属コロイド膜 セラミック膜など	分子量 数千〜数十万	減圧〜 数百kPa	低分子量物質, 水と塩	各種果汁の 清澄化

第4章 香料開発を支える基礎技術

下での濃縮法であり，熱や酸素に対して不安定な物質の濃縮に適しており，優れた濃縮方法として食品分野では広く利用されている。さらに，膜の分子分画機能を有効に利用することで低分子成分と高分子成分の分離や除菌なども可能である。しかし，濃縮限界が低濃度に留まるという欠点がある。

C. 凍結濃縮法

凍結濃縮法は1970年代に開発された食品の高品質濃縮法である。また，凍結乾燥負荷軽減のための予備濃縮法等で多数の研究報告がある。しかしコスト高のため，現在，実用化は大きく限定されている。長い滞留時間と精密な温度制御，および洗浄塔での複雑な分離制御を必要とするなど，装置そのものが高価である。したがって大幅な経費削減，多品種少量生産への適応性と凍結濃縮の応用範囲拡大の可能性が課題である。

D. 濃縮法の比較

蒸発法や膜濃縮法は汎用性があり，食品工業で幅広く利用されている。蒸発法には，におい物質の散逸や熱による品質低下があり，膜濃縮法では濃縮限界があるとはいえ，低コストで，香料抽出分野ではよく利用される。一方，凍結濃縮は限られた分野での利用に留まり，香料抽出分野ではあまり利用されていない。

天然香料からのにおい成分や呈味成分の抽出には，目的に応じて抽出法を使い分け，抽出後に固液分離・液液分離，精製ならびに濃縮を行い，高品質かつ高付加価値のある抽出物を得ることが可能となっている。しかし，抽出工程で得られた抽出物の品質低下は，抽出以降の工程に依存する場合が多いため，工程ごとに損失を極力抑えられる装置を選択することが重要である。

4.4 加熱調理フレーバー

　においと味という視点からさまざまな食品をみたとき，大きく2つに分類される。ひとつは，フルーツ，生野菜，香辛料などのように素材そのものの自然な香味をもつ食品，もうひとつは，味噌やチーズのように発酵，あるいはコーヒー，パンのように加熱・加工処理することで生成する香味をもつ食品である。特に加熱は，おいしいにおいと味をつくり出す要素として大きく，さまざまな調理方法が工夫されてきた。加熱調理により生成するにおいは「加熱調理フレーバー」と呼ばれ，加工食品に幅広く利用されている。本節では，この加熱調理フレーバーの生成・生産についてみていこう。

1. 加熱調理フレーバーの生成メカニズム

　ナッツやコーヒーは焙煎することで特有の好ましい焙焼香を生じる。パンはドウ（練り粉，パン生地）が焼かれる過程で表面に適度な焼き色と食欲をそそる香りが生じる。このような加熱反応（褐変反応）によるにおいの劇的な変化は注目に値する。一般的に食材の加熱調理で同様の現象が起きることで嗜好性が高まるものと考えられる。

　加熱調理により，食品素材中のさまざまな成分が加熱により化学反応し，数百種のにおい成分が生成する。このきわめて複雑な構成のにおいや，自然な調理感やおいしさの表現は調合香料だけでは難しい。そのため，調理前の食品から見出した成分を組み合わせて加熱した「加熱調理フレーバー」が重要な役割を果たすことになる。この「加熱調理フレーバー」はそのまま利用する場合と，フレーバーの一部として用いる場合がある。

　現在は簡便に調理・食事をしたいという消費者のニーズがあり，冷凍食品やレトルト食品，具材と合わせるだけの調味料などの加工食品はなくてはならないものとなっている。これらの商品はおいしいことはもちろん，家庭で調理したような風味であることが望ましい。また，製造や流通過程の風味低下をできるだけ抑えなければならない。

第4章　香料開発を支える基礎技術

個々の加工食品にぴったり合った自然な香りと味を付与・増強できる「加熱調理フレーバー」は商品価値を高めるのに有効である。

ここではミート系加熱調理フレーバーを例として、そのにおい成分の生成についてみていこう。

A. 牛肉の加熱調理によって生成するにおい成分

牛肉は新鮮な生肉の状態では「血なまぐさい」「酸臭」など、一般的に獣臭といわれるにおいであるが、加熱調理することで食欲を刺激するにおいが生成する。

焼く、煮るなど調理方法が違うと、生成するにおいも異なる。焼く場合には、肉表面が100℃以上に熱せられることで水分は失われ焦げが進行する。においとしては、肉感とともにロースト感や脂感、甘味が強く感じられる。におい分析では肉のようなにおいに感じる2-メチルフラン-3-チオールなどのチオール類、ビス（2-メチル-3-フリル）ジスルフィドなどのスルフィド類、チアゾール類、チオフェン類など含硫化合物群のほかに、ロースト感をもつ2-エチル-3,5-ジメチルピラジンや2,3-ジエチル-5-メチルピラジンのようなピラジン類、脂っぽいにおいを有する成分であるデカ-2,4-ジエナールなどのアルデヒド類、甘いにおいをもつフラネオールなどのフラン類、ピラン類が多く検出されている。

一方、煮る場合には、素材温度が100℃を超えることはなく、水分は保持もしくは増加する。においとしては脂感よりも肉感が強調される。におい分析においては、全体的なにおい成分量が少なく、特にピラジン類がほとんど検出されない。そのため、閾値の低い含硫化合物群が肉のようなにおいを感じさせると考えられる。

B. 前駆物質

加熱により素材のにおいが変化するということから、その食品中に前駆物質（プリカーサー：加熱などの化学反応によって特徴的なにおいに変わる物質）が存在すると推測され、研究が進められてきた。肉の中にはタンパク質、糖、脂肪、ビタミン、ミネラルなど種々の成分があるが、そのうち、赤身肉の中のプリカーサーは水溶性で比較的低

分子量の化合物であることが明らかになっている。すなわち，アミノ酸，ペプチド，遊離の糖，核酸関連物質などである。なかでも，糖とアミノ酸が関与するメイラード反応，ストレッカー分解はにおい成分生成に重要な役割を果たしている。しかし，水溶性低分子化合物の加熱で生成するにおい成分だけでは牛，豚，鶏などの肉種の違いを区別できない。それぞれの肉の特徴は脂身（脂質）の加熱・酸化反応によって生成するにおい成分が影響を与えている。

C. メイラード反応によるにおい成分の生成

メイラード反応は糖−アミノ反応，アミノカルボニル反応とも呼ばれ，食品化学において重要な反応のひとつである。1912年にフランスのルイ・カミーユ・メヤール（メイラード）が，グルコースを代表とする還元糖とアミノ酸を加熱することで褐変化と特有のにおい成分の生成を明らかにしたことから，この名称で呼ばれるようになった。

表4.5に各種アミノ酸とグルコースを水中で100℃にて加熱したときのにおい特性を示す。一般的に糖の種類よりアミノ酸の種類の違いによって，においは大きく異なる。メイラード反応機構はすべてが明らかになっているわけではないが，次のように進行し，におい成分が生成すると考えられている（図4.35）。

メイラード反応は，糖のカルボニル基とアミノ酸などのアミノ基が縮合し，シッフ塩基を生成することからはじまる。酸性から弱酸性においては，アマドリ転位を経てアマドリ生成物となる。J. E. ホッジらは，pHの差異によって経路が異なることを示している。こ

表4.5 種々のアミノ酸とグルコースの加熱（100℃）で生成するにおいの特性

アミノ酸	におい
グリシン	カラメルのような，弱いビールのような
アラニン	ビールのような
バリン	ライ麦パンのような
ロイシン	甘いチョコレートのような
イソロイシン	カビのような
セリン	メープルシロップのような
トレオニン	チョコレートのような
メチオニン	ポテトのような
システイン	ミートのような
シスチン	ミートのような
プロリン	コーンのような
アルギニン	ポップコーンのような
ヒスチジン	バターのような
グルタミン	チョコレートのような

第4章　香料開発を支える基礎技術

179

初期の反応

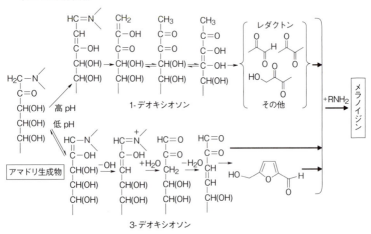

中期〜後期の反応
〈ホッジの反応経路〉

〈並木の反応経路〉

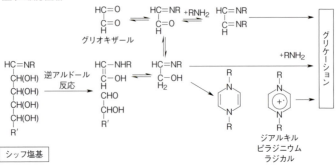

図4.35 メイラード反応の主要経路

のアマドリ生成物から，高 pH では1-デオキシオソンから甘いにおいであるシクロテンなどのシクロペンテノン類，フラネオールなどのフラノン類が，低 pH では3-デオキシオソンからフルフラールなどのフラン類が生成する。また並木満夫らは，中性から弱アルカリ条件では，シッフ塩基から逆アルドール反応により反応性が高いC-2カルボニル－窒素化合物，グリオキザール類が生成し，ピラジン環を形成することを見出している。これらの反応においては，アミノ酸の違いにより生成物はさらに変化する。例えば，含硫アミノ酸ではチオフェン類のような含硫環状化合物が多く生成する。

D. ストレッカー分解によるにおい物質の生成

メイラード反応の途中で形成されたα-ジケトン類は，高い反応性があり，アミノ酸はこの化合物との反応で炭素鎖が1つ短くなったアルデヒド（ストレッカーアルデヒド）となる。例えば，メチオニンからは，ポテトのようなにおいをもつメチオナールが生成する（図4.36）。ストレッカーアルデヒドは，それ自身においが強いものが多いが，反応性が高いため，さらに二次的な反応原料となりうる。

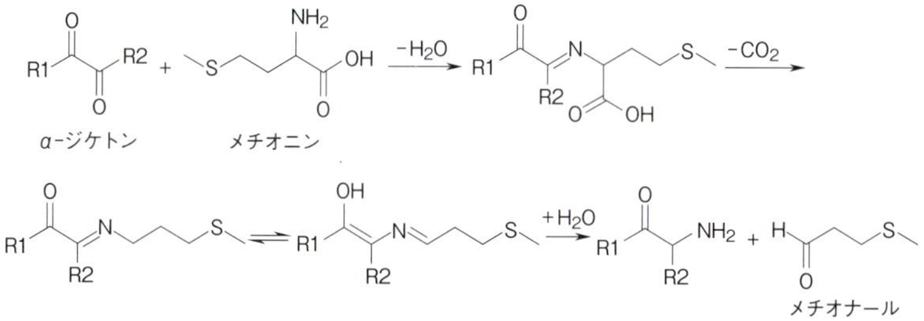

図4.36　ストレッカー分解

E. 脂質の自動酸化によるにおい物質の生成

　食肉においては加熱により肉中脂質の酸化が進行する。自動酸化反応はラジカル連鎖反応で進行し，不飽和脂肪酸はヒドロペルオキシドを経由して炭素結合のβ-開裂によりヘキサナールやデカ-2,4-ジエナールなどさまざまなアルデヒド類を生成する。そのもの自体が脂臭さなどのにおいをもつと同時に，アミノカルボニル反応などにも関与し，焼いた肉のようなにおいを有した成分のチアゾール類を生成するなど，加熱調理香の生成に大きく貢献する。

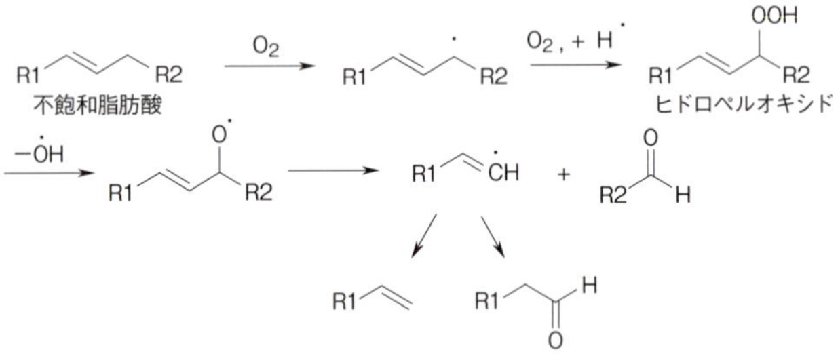

図4.37　不飽和脂質の酸化とその生成物

F. 基礎研究の重要性

　加熱調理では高温加熱によるアミノ酸やビタミンなどの分解や糖のカラメル化などの反応も同時に進行する。それらの生成されたにおい成分がさらに反応原料になるなど，反応の連鎖がにおいの複雑さ，ナチュラル感に寄与している。反応の最終点は褐変の原因物質であるメラノイジンと呼ばれる重合物であり，食品中ではこくや持続性といった呈味の増強に効果がある。それぞれの反応をさまざまな角度から研究し，複雑な組成をもつ食品の加熱によるにおい生成機構を解明することで，より好ましいにおいを生み出すことができると考えられる。

2. 加熱調理フレーバーの調製

　加熱調理フレーバーにおいては糖とアミノ酸，脂質だけで特徴のあるにおいを得ることは難しいため，さまざまな原料を選択し使用する。例えば，ミート系加熱調理フレーバーでは，まずアミノ酸，特に肉のようなにおいを生成する含硫アミノ酸と，におい生成に適した糖を選択する。そして，水で肉のにおい成分・呈味成分を抽出したミートエキスや種々のアミノ酸を含む酵母エキスやタンパク加水分解物，醤油，塩などの調味料，野菜エキスや油脂などを組み合わせる。さらに，加熱温度，時間，pH，水分などさまざまな反応条件を調整して目的とするにおいを生成させる。ほかにもオートクレーブ（高温高圧釜）を用いた密閉・加圧での加熱，マイクロウェーブ加熱など，各種の製法を採用する。このように多様な原料を使用し，適切な反応条件を設定することで自然で好ましい加熱調理フレーバーとなる。

3. 加熱調理フレーバーの今後

　加熱調理フレーバーの最大の目的は加工食品に好ましいにおいを付与することであり，その要求はますます高度な技術を要するものとなってきている。例えば，レトルト食品では，レトルト加熱工程での素材のにおいの劣化が常に問題となる。そのため，失われたにおい成分と呈味成分を付与するとともに，劣化臭をマスキングし，加熱工程中に望ましいにおいとなるようにプリカーサーとしての性質をもたせることが求められる。また冷凍食品では製造時の加熱，その後の冷凍，電子レンジによる再加熱の工程を経ても好ましいにおいを維持するものが必要となっている。

　特に塩分や油などをできる限り少なくするといった健康を訴求する加工食品では，塩分や油分を減らすことによって呈味が低下することがある。しかし，消費者が求めるのは基本的にはおいしさである。限られた原料や栄養価，価格の中で，おいしさを増強するためにはフレーバー，特に自然で好ましいにおいをもつ加熱調理フレーバーが有用と考えられる。

4.5 バイオテクノロジーの応用

1. 酵素利用
A. 酵素の役割

　酵素（enzyme）は，生物が生命を維持するために必要ないろいろな生体反応を触媒するタンパク質である。19世紀後半に酵素が発見されて以来，基礎的研究をはじめ種々の分野で開発・応用が進められ，今日では，工業用（繊維，洗剤，飼料，製紙など），食品用（糖質加工，醸造，乳加工，油脂加工など），あるいは医薬用など産業界で広く利用されている。

　例えば，糖質加工では，グルコースイソメラーゼの利用が挙げられる。この酵素はブドウ糖を果糖に変換（異性化）できる。ブドウ糖の甘味は砂糖の70％程度であるのに対し，果糖は砂糖の1.2〜1.8倍の甘さを有しており，ブドウ糖に酵素を作用させることでブドウ糖と果糖の混合物として砂糖並みの甘味をもつ甘味料（異性化糖）となる。また，チーズの熟成期間を短縮する目的で，リパーゼやプロテアーゼを利用したエンザイムモデファイドチーズ（Enzyme Modified Cheese；EMC）が欧米を中心に1960年代頃から研究され，この手法が発展して酵素処理によるチーズフレーバーやバターフレーバーなどが開発されてきた。

　一方，植物由来のにおい成分の発生についても多くの事例が知られている。例えば，植物中には，におい成分のアルコール基と糖が結合し，におい成分のプリカーサーとして配糖体の状態で存在していることがあり，バニラの主なにおい成分であるバニリンは，バニリンの配糖体であるグルコバニリンとして果実部（バニラビーンズ）中に蓄積し，収穫後の長期にわたるキュアリング（熟成）工程でβ-グルコシダーゼの作用によりグルコバニリンからバニリンが生成する。また，ニンニク中の含硫化合物であるアリインからアリシン，芥子油中の芥子油配糖体からのイソチオシアン酸アリルなど酵素反応がかかわっている（図4.38）。

　このように，においと深い関係にある酵素であるが，香料とどう関

係しているのだろう。以下に，香料生産および風味強化食品における酵素の利用例について，食品分野で広く利用されている脂質分解酵素であるリパーゼの利用，そして植物由来のにおいの発生現象

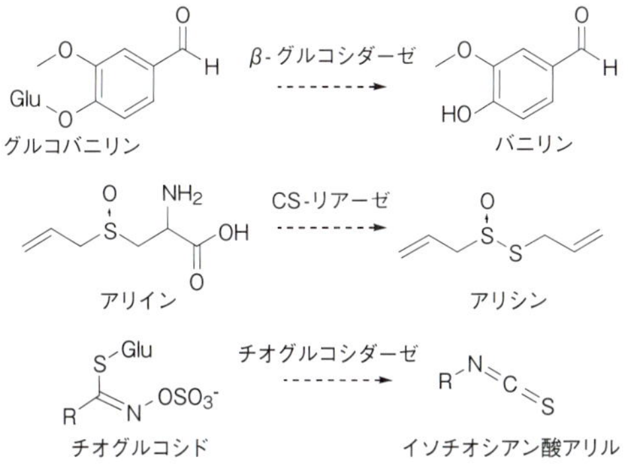

図4.38 植物中の酵素によるにおい物質の生成

を応用した配糖体分解酵素の利用についてみていこう。

B. 脂質分解酵素リパーゼの利用

リパーゼは，油脂（トリグリセリド）を加水分解し，脂肪酸を遊離（図4.39），あるいはエステル化，エステル交換反応を触媒する酵素である。また，リパーゼの作用には基質特異性と位置特異性がある。基質特異性とは，多種多様な脂肪酸のうち，どのような脂肪酸をよく遊離するかという性質であり，位置特異性とは，3か所に結合している脂肪酸のうち，どの位置の脂肪酸を遊離させやすいかという性質である。

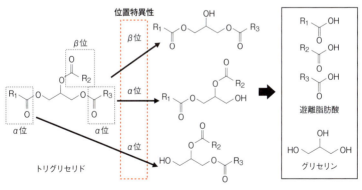

基質特異性：脂肪酸 R_1-CO_2H, R_2-CO_2H, R_3-CO_2Hの炭素鎖長の認識が異なる。
（切りやすい長さがある）

図4.39 リパーゼの作用と特異性

リパーゼの利用例として，ミルク，バターなどの乳製品フレーバーの生産が挙げられる。

まず，牛乳に含まれる成分のにおいと呈味への貢献について簡単にみていこう。牛乳中の乳脂肪にはなめらかさとこくがある。乳タンパク質はこくを，乳糖はかすかな甘味を，塩類は塩味，苦味，収斂味を与えている。さらに微量に含まれているラクトン類や揮発性の高い短鎖遊離脂肪酸やカルボニル化合物などによって牛乳の風味が形成されている。したがって，この脂肪酸を増加させることで牛乳の風味を強化できる。

リパーゼは牛乳成分の中の乳脂肪に作用し，脂肪酸を遊離させる。脂肪酸は炭素数の違いによりにおいや呈味への貢献が異なる。しかも乳脂肪には炭素数4〜18の脂肪酸が存在する。表4.6に乳脂肪中の構成脂肪酸（遊離）のにおいと味の特徴を示す。炭素数が少ない脂肪酸はにおいも強く，ミルクやチーズのようなにおいを付与する有用な成分であるが，炭素数が多い脂肪酸は油っぽさが目立ってくる。

各脂肪酸によって，においや味が違うため，リパーゼによってどのような脂肪酸を多く生成させるかが風味の決め手となり，前述した基質特異性が重要となる。つまり，ミルクのようなにおいを強くしたい場合，加水分解によって乳脂肪から炭素数の少ない脂肪酸（C4〜C8）を遊離させるリパーゼを選択することが有効である。

表4.6 乳脂肪の構成脂肪酸とそのにおいと呈味の評価

脂肪酸	炭素原子数と不飽和結合数	においと呈味の特徴
酪酸	C4：0	甘味があり，ミルクのような強いにおい
ヘキサン酸	C6：0	チーズのような刺激的なにおい
オクタン酸	C8：0	クリーミーなチーズ感
デカン酸	C10：0	ワックスのようなにおいが強い
ラウリン酸	C12：0	石けんのようなにおい
ミリスチン酸	C14：0	やや油臭い
パルミチン酸	C16：0	重く油っぽい
ステアリン酸	C18：0	
オレイン酸	C18：1	植物油脂様のさっぱりとした油っぽさ
リノール酸	C18：2	

目的のにおいや呈味に応じてリパーゼを選択することでさまざまな乳製品フレーバーが生産可能である。例えば、リパーゼには動物由来リパーゼと微生物由来リパーゼがあり、代表的な動物由来リパーゼとしては仔牛などの舌下腺由来であるカーフリパーゼ（Calf Lipase）がある。微生物由来には、アスペルギルス オリゼー（*Aspergillus oryzae*），アスペルギルス ニガー（*Aspergillus niger*），リゾープス オリゼー（*Rhizopus oryzae*）などの微生物の培養によって得られるリパーゼが存在する。図4.40に示すように、動物由来リパーゼと微生物由来リパーゼを比較すると、動物由来リパーゼのほうが短鎖脂肪酸を遊離させやすい基質特異性を有し、この特徴によって同じ乳脂肪であっても風味に大きな差が生じることになる。

　リパーゼによって乳脂肪から生成される脂肪酸の種類は、リパーゼを選択することで決まり、得られた酵素処理品は、乳の風味づけや乳製品加工時の劣化臭のマスキングに使われる。さらに酵素処理によって、乳に含まれるにおい成分や呈味成分が高濃度になるため、乳製品の代替原料としての利用が可能となる。この場合はフレーバーという範疇ではなく、乳風味を強化できる食品素材と捉えることも可能である。このような製品が乳原料を利用した多くの食品（飲料、菓子、冷凍食品など）に利用されている。

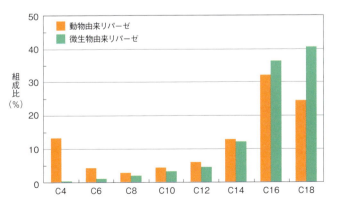

図4.40　由来の異なるリパーゼの乳脂肪の酵素分解によって生じる脂肪酸類の比較

C. 配糖体分解酵素の利用

前述したように、におい成分は、植物中にはプリカーサーとして配糖体の状態で存在していることが多く、この配糖体に酵素（グリコシダーゼなど）を作用させ、におい成分を生成さ

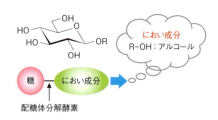

図4.41　配糖体分解酵素の利用

せる方法が知られている（図4.41）。以下に、においを増強したトマトエキスの製法例を示す。

完熟前のトマトを蒸煮、粉砕し、エステラーゼ（エステル結合を加水分解する酵素）と配糖体分解酵素を作用させた酵素処理品（トマトエキス）では、表4.7に示すように、におい成分の大幅な増加が認められる。さらに、タンパク分解酵素であるプロテアーゼを併用することで、生成されたアミノ酸やペプチドによって呈味を強化して、濃厚で、におい、呈味ともに豊かなトマトエキスが調製できる。このエキスはトマトソースなどに利用されている。

表4.7　配糖体分解酵素処理したトマトエキスのにおい分析結果

官能基	酵素未処理品(ppm)	酵素処理品(ppm)	増加量	特徴
酸類	730	2160	195% UP	爽やかな酸味
脂肪族アルコール類	817	2006	145% UP	グリーン感
芳香族アルコール類	294	1940	560% UP	華やかさ
アルデヒド類	1975	5325	170% UP	完熟感
フェノール類	134	449	240% UP	甘い濃厚感

2. 微生物利用

A. 微生物の分類

微生物は地球上のあらゆる場所に存在し、極寒の地、灼熱の砂漠、深海など、人間が生きていくには過酷とも思える環境下でも生育できる。そのなかでも、私たちの生活とかかわりの深い微生物は、細菌、

酵母, カビと呼ばれている。細菌は単純な構造で, 内部に膜で覆われた細胞内小器官をもたない原核生物で, 酵母, カビは内部に核やミトコンドリアといった膜で覆われた細胞内小器官をもつ真核生物として分類される。

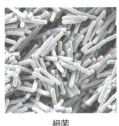 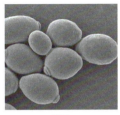 

細菌　　　　　　　　　　酵母　　　　　　　　　　　カビ
乳酸菌 (*Lactobacillus delbrueckii*)　(*Saccharomyces cerevisiae*)　メチルケトン生産菌
　　　　　　　　　　　　　　　　　　　　　　　　　　　　　　(*Aspergillus oryzae*)

細菌, 酵母, カビの電子顕微鏡写真

　これらのなかには, 生育する過程で代謝物として特徴的なにおいを生成する微生物もあり, それは私たちの食生活に「発酵食品」なるものをもたらし, 食文化を豊かにしてきた歴史がある。

B. 発酵食品とにおい

　「発酵食品」というと, 醤油, 味噌, 納豆, 漬物, 日本酒, ワイン, ビール, チーズ, ヨーグルト, パンなどがすぐ思い浮かぶだろう。これら発酵食品の特徴として, 保存性, 滋養, 風味が挙げられる。そのなかで「風味」に着目すると, 日本人になじみ深い納豆はその最たる食品であり, 原料の大豆からは想像もできない独特なにおいは好き嫌いがはっきりと分かれるほど強烈である。つまり発酵により原料にはないまったく新しい風味がつくり出され, それぞれの発酵食品を特徴づけるにおいとなる。

　では, 発酵食品を特徴づけるにおいというのは具体的にはどのような物質なのだろうか。図4.42に代表的な発酵食品である納豆, ビール, 吟醸酒, パンのにおい成分組成を示す。

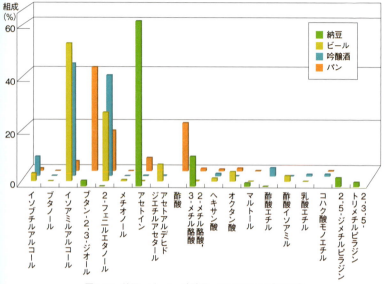

図4.42 納豆，ビール，吟醸酒，パンのにおい成分組成

　図示したように，発酵食品のにおいは種々のにおい成分からなり，納豆ではアセトインやメチル酪酸類，ピラジン類，ビールではイソアミルアルコールや2-フェニルエタノール，アセトアルデヒドジエチルアセタール，吟醸酒ではイソアミルアルコールや2-フェニルエタノール，イソブチルアルコール，パンではブタン-2,3-ジオールや2-フェニルエタノール，酢酸などであり，同じ発酵食品でも成分や組成は大きく異なることがわかる。

　それぞれの食品は，納豆は納豆菌（*Bacillus subtilis*），ビールではビール酵母（*Saccharomyces cerevisiae*），吟醸酒では麹菌（*Aspergillus oryzae*）と乳酸菌（*Lactobacillus delbrueckii*など），吟醸酵母（*Saccharomyces cerevisiae*），パンではパン酵母（*Saccharomyces cerevisiae*）が発酵にかかわっている。これらの微生物が原料に作用して原料本来とは異なるさまざまなにおい成分をつくり出しているのである。

　においがつくり出される様子をもう少し細かくみていこう。多くの

微生物はグルコースのような糖類を資化代謝することにより，エネルギーを得て生命活動を行い，その過程でさまざまな成分を生成する(図4.43)。そして，生成する物質の種類や量などは微生物により大きく異なる。トリカルボン酸サイクル(TCA回路)まで行かずにエタノールを多く蓄積する微生物もあれば，TCA回

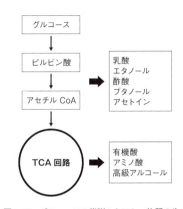

図4.43 グルコースの代謝からにおい物質の生成

路を経てアミノ酸を多く蓄積する微生物も存在する。つまり，納豆でたとえれば，大豆にパン酵母を加えても納豆の風味は生まれない。

このような微生物の性質を応用すると，発酵食品のような複数のにおい成分が生成するのではなく，1つのにおい成分だけをつくり出すこともできる。このとき重要なポイントは，目的にあった微生物を自然界から探すことであり，この微生物が見つからないと話ははじまらない。次に，これまでに微生物を利用してつくり出した代表的な香料化合物を紹介する。

C. 発酵生産による油脂からのメチルケトン類の生産

メチルケトン類は，乳製品フレーバーの重要なにおい成分であり，ヘプタン-2-オン，ノナン-2-オンはブルーチーズの特徴的なにおい成分となっている。メチルケトン類は，カビあるいは酵母の有

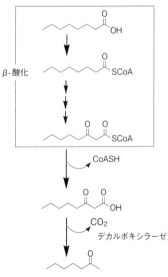

図4.44 カビまたは酵母のメチルケトン類（ヘプタン-2-オン）の生成経路

する脂肪酸代謝経路であるβ-酸化を利用して生産される（図4.44）。それにより油脂から脂肪酸を生成し，さらにこの脂肪酸からメチルケトンを生産する微生物を探し，生産効率の高いカビ（*Aspergillus oryzae*）を見出している。さらに培養方法を検討することでメチルケトンを高濃度に含有する培養物を得て，蒸留，単離精製し，工業的生産が行われている。

D. 微生物酸化によるラクトンの生産

δ-およびγ-ラクトン類は，乳製品やフルーツに含有される重要なにおい成分である。このなかでγ-デカラクトン（炭素数10個）については，ヒマシ油に含まれるリシノレイン酸（(9*Z*)-12-ヒドロキシオクタデカ-9-エン酸）を酵母，カビなどのβ-酸化を利用して，

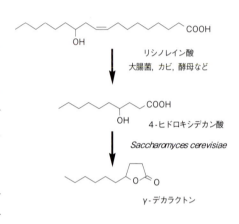

図4.45　γ-デカラクトンの生成経路

炭素数が8個少ない4-ヒドロキシデカン酸に導き，酵母によりラクトン化する方法（図4.45）が多くの研究者によって開発されている。

E. 不斉資化法による(*R*)-2-メチル酪酸の生産

生物の身体はタンパク質などで構成され，そのタンパク質はキラルであるL-型のアミノ酸で構成される。したがって，タンパク質である酵素は，キラルの集合体である。この酵素をもつ微生物は，不斉炭素原子が存在するキラルな化合物を認識できる性質もある。その例を最後に紹介する。キラルな2-メチル酪酸は有用な香料化合物のひとつとして知られており，これまでにリンゴ，チーズ，イチゴ，カカオ，納豆などさまざまな天然物から見出されている。この化合物の両鏡像体におけるにおいには大きな差があり，例えばリンゴでは(*S*)-

体のみが存在し、カカオでは(R)-体が(S)-体よりも多く存在することが報告されている。そして(S)-体は市販されているが(R)-体は市販されておらず、有機合成的手法を用いると工程が長く、効率的ではない。そこで、微生物がキラルな物質を認識する性質を利用して、ラセミ体の2-メチル酪酸から(S)-体のみを資化代謝することのできる微生物の探索を行い、高い純度で(R)-体のみを残す細菌シュードモナス属(*Pseudomonas* sp.)を見つけることに成功している(図4.46)。この(R)-2-メチル酪酸は、2位の炭素原子が不斉炭素であり、この立体を保持していて、しかも最少単位の炭素数を有している酸であるため、多くの誘導体へ合成可能である。このような性質を活かして、他のキラルな香料化合物を合成するための原料として利用される(キラルビルディングブロック)。

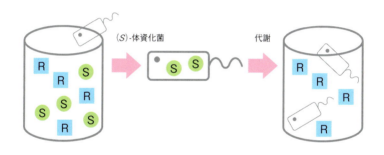

図4.46 微生物によるラセミ2-メチル酪酸からの(R)-体の分割

以上のように、酵素や微生物の利用は香料生産の重要な技術となっている。このことは、におい成分が自然界において生物がつくり出したものであることを考えると理にかなっている。今後も自然界の知恵とでもいえる酵素・微生物のさらなる活用に期待したい。

4.6 乳化・粉末化の技術

調香師が組み立てた香料は、さまざまな商品の原料として使われている。そのため商品の製造工程での使い勝手を考慮しつつ、香料が最大限の力を発揮するように、また各商品の特性に合うよう製剤（形態）化する必要がある。本節では、香料の製剤化手法をみていこう。

1. 乳化香料
A. 乳化香料とは

天然香料、合成香料およびそれらを調合して創られる香料の大部分は油溶性で、清涼飲料水などの水系食品にそのままの状態で使用すると油浮きしてしまうため、水溶性の製剤にする必要がある。具体的には、香料を、他のオイルと混合した油相部を乳化剤が配合された水相部に、乳化機のせん断力を使って分散させて乳化物（水中油型エマルション）とする。このようにして得られる製剤は乳化香料と呼ばれ、清涼飲料水などに使用される。飲料中では香料を含む油相部が0.05～1μm程度の微粒子となって分散し、光を屈折、反射、散乱することで濁りを生じる（図4.47）。この特徴から乳化香料はクラウディーとも呼ばれる。

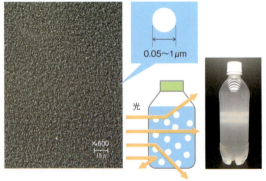

図4.47　乳化香料のイメージ図

B. 乳化香料の原料

乳化香料に使用される代表的な原料を表4.8に示す。

表4.8 乳化香料の原料

溶解性	分類	原料名
油相部	香料	天然香料，合成香料，調合香料
	色素	β-カロテン，パームカロテン，パプリカ色素，マリーゴールド色素，リコペン
	ビタミン類	ビタミンA，ビタミンD，ビタミンE
	機能性油脂類	アスタキサンチン，コエンザイムQ10，共役リノール酸，ドコサヘキサエン酸
	比重調整用油	中鎖脂肪酸トリグリセリド（MCT），ショ糖酢酸イソ酪酸エステル（SAIB）
水相部	乳化剤	グリセリン脂肪酸エステル，ショ糖脂肪酸エステル，キラヤサポニン
	水溶性多糖類	アラビアガム，大豆多糖類
	溶剤	グリセリン，プロピレングリコール，ソルビトール，異性化液糖
	抗酸化剤	ビタミンC，メラノイジン

油相部は香料以外にも色素，ビタミン，中鎖脂肪酸トリグリセリド（MCT：比重0.95），ショ糖酢酸イソ酪酸エステル（SAIB：比重1.14）などで構成される。代表的な色素はβ-カロテンであり，オレンジ果汁飲料への色づけのために用いられる。ほかにもパプリカ色素，マリーゴールド色素などが用いられる。また，ビタミンA，D，Eのような油溶性ビタミン類，コエンザイムQ10，アスタキサンチン，ドコサヘキサエン酸のような機能性油脂類を配合させることも可能である。MCT，SAIBは主として飲料用途の乳化香料で比重調整を行うために油相部に配合される。

水相部は乳化剤，多価アルコール類，水などで構成される。乳化剤としてはグリセリン脂肪酸エステルや水溶性多糖類であるアラビアガムが主として使用される。多価アルコール類は乳化剤の溶剤としての目的以外に，乳化香料の水分活性を下げて防腐性を高める目的もあり，グリセリン，プロピレングリコール，糖アルコール類などが用いられる。

C. 比重調整

スポーツドリンクなどの清涼飲料水への着香には，柑橘類の精油を主体とした油溶性のフレーバーが用いられることが多いが，その比重は0.85前後と軽い。この油溶性フレーバーをそのまま乳

リングが発生した飲料（右）

化香料に加工し飲料に賦香すると，長期的に保存した場合に，容器口周辺にスジ状の跡（リング）を形成することがある（写真）。これは，飲料基材の比重に比べて，油溶性フレーバーの比重が軽いために飲料中に分散している油溶性フレーバーの乳化粒子が浮上して起きる現象である。

そこで，飲料用途の乳化香料では，油溶性フレーバーをMCT，SAIBと混合して，油相部の比重を使用される飲料に近い比重に調整（比重調整）してから乳化香料とする。飲料の試験段階で稀にリングを生じてしまうことがある。このような飲料は使用している乳化香料の油相部の比重調整が適正でない場合が多い。

D. 乳化香料の製造方法

乳化香料は油相部が水相部に分散しているものであるが，基本的にはあらかじめ両相を別々に調製しておき混合乳化を行う。

一般的な乳化香料は10〜40%程度の水分を含み，最終段階での微生物汚染を防止する殺菌工程がないため，乳化から充填まで製造時には注意して工程を管理することが必要である。

代表的な乳化香料の製造工程を図4.48に示す。香料，ビタミン類などは，加熱によるにおいや味の劣化，成分変化を生じやすいのでその他の油溶性原料を混合し，別に加熱殺菌する。これを冷却した後に香料などの残りの成分を混合して油相部とする。飲料用途の乳化香料の場合には，油相部の比重を測定し，使用する飲料に適した比重に調

整されていることを確認する。水相部は乳化剤，溶剤，水などを混合・溶解した後に加熱殺菌する。別々に調製した油相部，水相部は乳化機を用いた高速撹拌で水中油型のエマルションとする。このとき，乳化が不十分だと乳化香料は経時的な安定性を維持できず，乳化破壊を生じ，やがて分離した香料成分が油浮きしてしまう。また，乳化香料の粒子径は水に希釈したときの濁り具合に影響を及ぼすことから，飲料用途の乳化香料では，使用する飲料の商品設計に適した濁りを呈するように乳化粒子径を調整しなければならない。目的の乳化状態が得られたら，濾過工程を経て乳化香料の完成となる。

図4.48　乳化香料の製造工程

E. 乳化香料の用途

乳化香料の用途を図4.49に示す。乳化香料は主に飲料用，非飲料用の2種類に大別される。

乳化香料をスポーツドリンク，炭酸飲料などの清涼飲料に使用した場合，軽い香り立ちのある華やかなにおいを付与する水溶性香料に比べ，フレーバーの立ちのぼり方はマイルドであるが，濃厚感や厚みのあるにおいと呈味を付与できる。この特徴的なにおいと呈味は，清涼飲料水以外の缶チューハイなどの低アルコール飲料の果汁感を補

図4.49　乳化香料の用途

う目的で使われることも多い。また、乳化香料は飲料に濁りを付与することから、スポーツドリンクなどに果汁感をイメージさせる効果もある。

透明飲料には、乳化香料中の乳化粒子が0.1 μm以下まで微細化され、飲料中

飲料外観
左：クラウディー　右：透明溶解乳化物（ハセクリア®）

で透明に分散するような乳化香料（例えばハセクリア®）も使用される。香料以外の素材として、低果汁のオレンジジュースへの色調の付与や、健康飲料への機能性成分の付与を目的とした乳化製剤もある。

非飲料の用途としては、デザート、冷菓、菓子、液体調味料などがある。これらの食品に使用される乳化香料は比重調整が不要であり、油相部にMCT、SAIB（表4.8）を配合する必要がないため、その分だけ多くのフレーバーを配合できる。ただし、食品によっては、乳化物の安定性にとって厳しい環境とされる酸や塩類を高濃度に含む場合もあり、乳化香料の配合処方設計には注意を要する。

2. 粉末香料

A. 粉末香料とは

粉末香料は液体香料を粉末状に製剤化したものであり、香料が微小な入れ物に閉じ込められた状態であるためカプセル化香料と呼ぶこともある。粉末化する際は油溶性香料や水溶性香料、香料以外の素材として色素や機能性素材等も配合することができる。粉末香料は水分が除かれているために保存性や安定性等に優れ、取り扱いや輸送が容易であり、乾燥加工品・粉末系製品類への利用が容易であるといった特徴がある。

B. 粉末香料の歴史

食品を乾燥することは昔から行われており、香辛料のようにハーブやスパイスなどの乾燥物の粉砕品も粉末香料とすれば、その歴史は古

代エジプト時代にまでさかのぼる。香料の粉末化に関しては，1927年にイギリスで初めて噴霧乾燥法が応用されて製品化されている。日本における食品香料の粉末化に関しては，昭和20年代から，主に噴霧乾燥装置を用いた香料の粉末化が研究され，1957年（昭和32年）に市場に登場している。以降，アイスクリームミックス，ビスケットへの使用をきっかけに，粉末ジュースに使用され，さらにはその後，インスタント食品時代の立役者となり現在に至っている。またその間，ほかにも多くの粉末化法が開発されている。

C. 粉末香料の原料

粉末香料の原料としては，香料はもちろんのこと色素や機能性物質，果汁，エキス類，呈味成分などが挙げられる。これらの素材を粉末化し，また個々の商品に合致した特徴を付与するために被膜剤・賦形剤が重要な原料となる。食品用途で考えた場合，被膜剤・賦形剤として水溶性多糖類や炭水化物，セルロース，脂質，タンパク質，無機物質類の食品あるいは食品添加物があり，一例を表4.9に示す。

アラビアガムや加工澱粉などは，油溶性香料およびその他の油溶性原料の乳化剤としても使用される。乳化剤にはゼラチンや大豆タンパク，レシチン，キラヤサポニン，合成乳化剤なども挙げられる。粉末香料の原料には，ここに挙げた原料以外のものも配合することができ，それによってさまざまな特徴を付与することが可能である。

表4.9 食品で使用される被膜剤・賦形剤

種類	被膜剤・賦形剤
水溶性多糖類	アラビアガム，寒天，アルギン酸ナトリウムなど
炭水化物	澱粉，加工澱粉，デキストリンなど，糖類など
セルロース	カルボキシメチルセルロース，メチルセルロースなど
脂質類	硬化油脂類，ステアリン酸，ジグリセリドなど
タンパク質	ゼラチン，カゼイン，大豆タンパク，アルブミンなど
無機物質	硫酸カルシウム，二酸化ケイ素など

D. 粉末香料の特徴

粉末香料は保存性が優れていること，取り扱いや輸送性が容易になるといった特徴があることは前述したが，改めてその特徴を示す。

(1) 被膜剤・賦形剤の種類や製法により，溶解性や耐熱性，香料の放出速度などの制御が可能。

(2) 素材との接触により起こる反応を防止することが可能。
(3) エキス，果汁などは水分を減らすことにより，軽量化・濃縮化が可能。
(4) 微生物の増殖がなく長期間の保存が可能。

　これらの特徴は，粉末香料の被膜が香料などの透過を制御したり，香料を外部の環境から保護したり，被膜材料の組み合わせや膜の厚さを変えたりすることによって香料を外部に溶出させる速度を調節することが可能なためである。香料の粉末化に際しては，目的に応じて製法および被膜剤・賦形剤の選択を工夫する必要がある。

E. 粉末香料の製造方法

　粉末香料の代表的な製造方法として噴霧乾燥法が挙げられる。噴霧乾燥法では，まず被膜剤・賦形剤を溶かした水溶液に液体香料を加えて撹拌機や乳化機などにより乳化，分散を行う。ここで油溶性香料を粉末化する場合には，前述の乳化剤を配合して水中油型エマルションとし，水溶性香料を粉末化する場合は被膜剤・賦形剤水溶液中に均一に分散した溶液とし，噴霧原液となる。調製した噴霧原液は，噴霧乾燥機（スプレードライヤー）の装置内に圧力または遠心力を利用して霧状に噴射される。霧状の噴霧原液の液滴は熱風と接触することで瞬間的に水分が蒸発，乾燥され粉末香料が得られる。下に噴霧乾燥法によって粉末化した粉末香料の走査型電子顕微鏡写真を示す。香料成分は数μmの微粒子状態で被膜剤・賦形剤に包み込まれていることが確認できる。

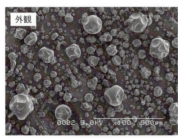 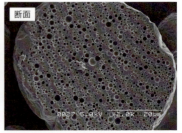

噴霧乾燥法により調製された粉末香料の電子顕微鏡写真

このほかにも真空乾燥法や凍結乾燥法などの粉末化方法や，乳糖や多孔性デキストリン等に香料を吸着させる吸着法などもある。さらに，粉末香料化した後の二次加工としては，転動造粒や流動層造粒，混合撹拌造粒，圧縮形成造粒，押出造粒，加熱溶融造粒等の造粒法やワックスコーティング法などがある。これら種々の方法によって粉末香料の溶解性や耐熱性（加熱してもにおいが変化しにくい）などを改善することができる。

F. 粉末香料の用途

食品業界においては，社会環境の変化，嗜好性の多様化に伴い，「より健康的・高級感・ナチュラルな風味」といった条件を満たす高度な品質が要求されている。一方，競合食品との差別化を目的とした製品開発も行われており，使用される粉末香料ににおいの嗜好性以外に，最終製品での長期間にわたる香料成分の保存安定性，加熱工程での耐熱性，飲食時の香料の放出制御（即溶性，遅効性），粉末香料溶解時の状態（油を浮かす，透明に溶解する，強い濁りを出す）などの各種機能性が要求されるようになってきている。表4.10に粉末香料の使用される食品と要求される機能を示す。

表4.10 粉末香料が使用される食品と要求される機能

粉末香料の使用される食品	要求される機能性
チューインガム	香料の放出制御（速放性，持続性）
錠菓（タブレット），スナック菓子	保存安定性の向上
粉末飲料（粉末スティック飲料，粉末スポーツ飲料，粉末プロテイン飲料）	保存安定性の向上，易溶解性，透明溶解
粉末デザート（粉末ゼリー）	
ふりかけ，ホットケーキミックス	保存安定性の向上，耐熱性
粉末スープ（各種スープ，吸物，インスタントスープ）	保存安定性，溶解状態（油を浮かせる，透明に溶解する）
水産練り製品，畜肉製品	耐熱性（加熱工程中の香料飛散防止）
キャンディ	
焼き菓子（ビスケット，パン）	

例えば，保存安定性に優れた粉末香料として，賦形剤としてトレハロースを使用したものが開発されている（ハセロック®）。粉末香料の

原料として，乳化剤，トレハロース等からなる賦形剤水溶液に香料，油溶性色素，ビタミン類などを乳化した噴霧原液を噴霧乾燥することで製造される。レモン香料を噴霧乾燥法で粉末化したハセロック®レモンと，トレハロースを使用していない比較用の一般的なレモン粉末香料を走査型電子顕微鏡で観察した結果を下の写真に示す。比較品のレモン粉末香料は粉末表面に凹凸があり，亀裂・細孔がみられる。ハセロック®レモンの表面はなめらかな球状で亀裂はみられず，レモン香料をコーティングしている皮膜が非常に緻密な状態である。この粉末のミクロ構造の差により酸素透過性が異なるため，それぞれの粉末の酸化安定性に差が出たものと考えられる。

そのほか，チューインガムにおけるフレーバー放出制御のための速放性・持続性粉末香料，水産練り製品・キャンディ・焼き菓子用の耐熱性粉末香料，粉末飲料・粉末スープ用の透明に溶解する粉末香料や，溶解時に香料が液面に浮き，フレーバーのインパクトが強化された粉末香料など，被膜剤や賦形剤の組成や製法を変えることでさまざまな機能，形態の粉末香料が調製可能である。

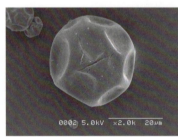
比較用レモン粉末香料

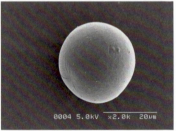
ハセロック®レモン

レモン粉末香料の電子顕微鏡写真

また，フレグランス製品においても消費者のニーズの多様化に対応して機能を加味した製品開発が求められ，新しい有効成分や基材の配合が必要となっている。この新有効成分が共存成分との反応，熱，光，水分吸収による劣化やその機能の損失が問題となる場合があり，これを防ぐために粉末化が行われている。

第5章
においのバイオサイエンス

　ここまで，においを知り，香料をつくり，どのように利用しているかをみてきた。本章では最新のバイオサイエンスをとおして，においの役割，においの感知機構についてみていこう。

5.1 においの役割

　私たちは暮らしのいろいろな場面でにおいの恩恵を受けている。生命活動における「においの役割」と聞いて，どのようなイメージをもつだろうか。受粉のために虫を呼び寄せる花や蜜のにおいは，虫にとっても蜜を得るために大切なにおいであり，においを出す側も受け取る側も得をする。スカンクは身を守るために強烈な悪臭を放つ。これは出す側が得をするにおいである。さらに，動物が餌を見分けるにおいは，受け取る側にとって重要である。

　地球が誕生してから47億年，生命の誕生から38億年といわれているが，この間，生命は細菌のような微生物から，植物，そして動物へと進化した。生物は生きるためにセンサーを開発しつづけ，情報として光，音，化学物質を感知する機構を得ていった。その化学物質のひとつがにおいであり，生物がつくり出すコミュニケーション物質のひとつということができる。ここでは，生物のにおいに対する行動から，においの役割について考えてみよう。

1. においの誘引作用

　数十年前まで，沖縄県から日本各地にさまざまなフルーツを出荷することは法律により禁じられていた。これは，沖縄特産のシークヮーサーをはじめとするさまざまな果実に産卵し，幼虫が果実を食い荒らすミカンコミバエ（*Bactrocera dorsalis*）という外来害虫がいたためである。この外来害虫の雄は，メチルオイゲノールというにおい

物質に誘引され，この物質を経口摂取し，体内に蓄積することが知られている。そこで，メチルオイゲノールに殺虫剤を混ぜ，雄を誘殺する「雄除去法」が展開されるが，一般的に外来種が定着すると根絶は困難であるといわれていた。しかし，大正時代に沖縄で初めて確認され，一時は鹿児島県奄美諸島まで繁殖域を広げたミカンコミバエは，この駆除法により根絶された。1982年9月1日の新聞には，沖縄県産のミカンが東京の青果市場で初競りにかけられたことが大きく取り上げられている。その後，沖縄県では根絶後から毎年侵入警戒トラップに年間数頭から30数頭程度誘殺されているが，大きい被害は報告されていない。今日，沖縄特産の色とりどりのフルーツが本土に出荷されるようになった背景には，においを利用した人間の努力があったのである。近年の研究により，メチルオイゲノールはラン類に存在し，ラン類は受粉のためにメチルオイゲノールでミカンコミバエの雄を誘引していることや，雄バエはランから得たメチルオイゲノールを，雌バエを誘惑する性フェロモン（ある種の生物が体外に分泌することによって同一種の応答を促す化学物質）として交尾に利用していることまでわかってきた。ここに植物と昆虫が協調して進化した証しを垣間見ることができる。

ミカンコミバエ（交尾中）

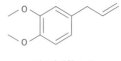

メチルオイゲノール

2. においと行動

生物にとって，においを介した情報伝達は重要である。攻撃行動，性行動，母子関係，交配相手の選択，縄張り行動など，においを介したコミュニケーションが行われている。動物園などで観察しやすい縄張り行動（マーキング行動）を例に挙げてみよう。「カバの後ろには立たないでください」という看板を見たことがあるだろうか。これは，糞をしながら尻尾を振って糞をまき散らすカバのマーキング行動から入園者を守るための注意書きなのである。ネコ科の動物では，排尿時に周囲に尿を噴射するスプレーマーキングという行動が知られている。また，偶蹄類の雄では，上半身の皮脂腺を樹木にこすりつける行動があり，これもマーキング行動である。哺乳類は糞尿や体表からの分泌物を周囲の環境に付着させることにより，自らのにおいを周囲に示し，他の個体を排他・識別するコミュニケーションを行っているのである。

3. においの生理・心理作用

古来，においによる興奮・鎮静・抗ストレスなどさまざまな生理・心理作用が経験として知られてきた。においの生理作用は薬のように生体内活動を強く抑制・促進するのではなく，生体内のバランス調節を補ったり，心理的に作用して気分を変化させる働きをするため，客観的・定量的に証明することが難しい。そこで血圧・心電図・脳波・瞳孔等の測定で，においの効果を確認してきた。においの生理・心理作用の一例として，唾液分泌促進効果をみてみよう。

おいしそうな食べ物を目にして唾液が湧き出てくるような体験は誰しも経験したことがあると思うが，唾液には食べ物をのみ込みやすくする機能があり，摂食行動を促進させる際に分泌が増加することが知られている。においには，「もっと食べたい」というモチベーションを引き起こし，唾液分泌を促進する効果があることが，鰹だしを用いた実験で明らかになった。NIRS（Near-infrared spectroscopy）は，近赤外光を用いて血流の変化を測定できる装置である。唾液は唾液腺

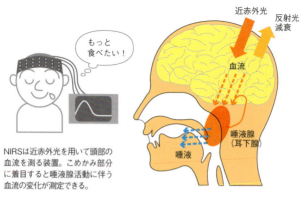

NIRSは近赤外光を用いて頭部の血流を測る装置。こめかみ部分に着目すると唾液腺活動に伴う血流の変化が測定できる。

図5.1　唾液腺の血流変化を測定する手法〜NIRS〜

にて血液からつくられることから、唾液腺の血流変化を測定することで、唾液を作り出す活動の程度を測定することができる（図5.1）。

鰹だしの味成分のみで構成された溶液と、そこにカツオブシフレーバーを添加した溶液について、NIRSを用いて唾液腺の活動を測定したところ、味成分のみの溶液を飲んだときよりも、フレーバーを添加した溶液を飲んだときの唾液腺活動が増強し、主観的なおいしさも増強していた。これは、カツオブシフレーバーのにおいが、もっと食べたいというモチベーションを引き起こし、唾液腺活動が促進されたことを示していると考えられる（図5.2）。

また、においの生理・心理作用のさらなる例として、ラベンダーのにおいによるリラックス効果についての研究をみてみよう。ラベンダーのにおいはさまざまな商品に使用されている。においを嗅いだとき

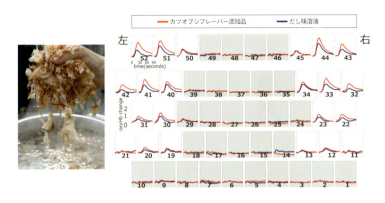

だし味のみとだし味にフレーバーを添加した際の平均血流変化波形。
味と香りにより唾液腺応答が増強していることがわかる。

図5.2 唾液腺活動の変化

のリラックス効果が、においに対する嗜好性によって異なるのではないかと考え、検証する実験を行った。一般的に、人は快状態やリラックスした状態のとき、自律神経のうち副交感神経が交感神経より優位に働いており、血管が拡張することが知られている。また、鼻部は血管が拡張することにより皮膚温度が上昇することも知られている（図5.3）。

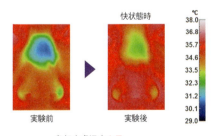

鼻部皮膚温度 上昇

快状態時は副交感神経優位で血流が増加し、温度が上昇する。
不快状態時は交感神経優位で血流が減少し、温度が下降する。

図5.3 鼻の皮膚温度の変化の様子

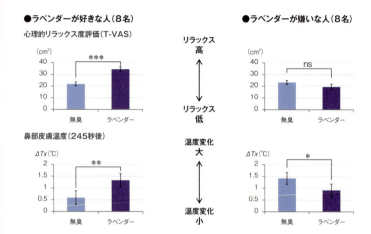

- ラベンダーを嗅いでリラックスすると鼻部皮膚温度は上昇する。
- 香りが好きではないと、リラックスもせず、鼻部皮膚温度は上昇しない。

図5.4　においの嗜好性がもたらす心理的作用

　そこで、ラベンダーと水のにおいを嗅いだときの鼻部温度をサーモグラフィにより測定し、結果を比較した（図5.4）。ラベンダーのにおいが好きな人は、ラベンダーのにおいを嗅いだときにリラックスを感じ、鼻部温度が上昇した。一方、ラベンダーのにおいが嫌いな人は、ラベンダーのにおいを嗅いだときにリラックスは感じず、鼻部温度は上昇しなかった。これは、においへの嗜好性がもたらす心理的な作用が自律神経活動に影響していることを示していると考えられる。

4. においとおいしさ

　前述より生物間ではにおいはシグナルとしての働きやコミュニケーション物質として作用していることがわかる。そしてヒトもにおいの作用をコミュニケーション物質として使うことを絶え間なく考えてきた。人類誕生以来、その嗅覚によって衣食住の営みをコントロールし、それが文化・文明につながったのだろう。「衣」を身につけるものと考えれば、身体につける香水、「住」が環境であれば、芳香剤のよう

なものが当てはまり、これらはにおいを発する植物などを利用して心地よさを経験的につくり出してきた。一方、「食」では「おいしさ」をつかさどるのがにおいである。食の目的は、エネルギーや栄養の摂取から

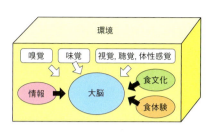

図5.5　においが脳へ伝わるイメージ

はじまり、次にそれが楽しみとなり、さらに近年では健康を保つための機能性食品としての摂取が注目されている。この食の中でにおいがどこに関連しているのかというと、栄養面では摂取可能な食品であるかを探る手段であることが重要であるが、「おいしさ」という面においても食のにおいは不可欠なのである。例えば、風邪をひいて鼻が効かない状態での食事を思い浮かべてほしい。まず「おいしい」とは感じないだろう。また、イチゴやバナナ、オレンジなどを鼻をつまんで食べてみてほしい。フルーツの風味は呈味にかかわる不揮発性物質であるアミノ酸や糖、有機酸と揮発性物質であるにおいから構成されている。鼻をつまんでこれらのフルーツを食べると、レトロネーザル（5.2節1参照）のにおい物質の感知が行われないので、甘味と酸味を感じるだけで、フルーツらしい「おいしさ」を感じることができない。「味」と思い込んでいるのは、実は鼻に抜けるにおいと呈味の組み合わせなのである。

　このように食べ物を評価するシステムにおいて、口から鼻に抜けるレトロネーザル経路を介して伝達されたにおいの役割は大きく、このにおいは味との結びつきが強い。レトロネーザルのにおいを楽しめるのは、気道と食道の間につながりがあり、解剖学的には喉の構造が特殊化したヒトの特徴といえよう。ヒトは他の動物と異なり、火を使って料理する手法を編み出し、調理によって生じるさまざまな味やにおいを楽しむ術も身につけた。そして現代の文明社会に生活する私たちは、食べ物について、すでに生死にかかわるような評価は行わない。

毒はないかなどと考えながら日々の食生活を送ることはほとんどないのである。しかしにおいを軸にして味や舌触り，見た目，咀嚼音などの感覚と，食経験などを総動員して風味を認知し，「おいしい」や「まずい」などと食べ物を評価する脳の領域を発達させてきた。現代の豊かな食文化を楽しむことができるのは，ヒトならではの脳の働きのおかげなのである。私たちが食物を摂取すると，まず口にある味覚受容体で呈味物質，鼻腔のにおい分子受容体でにおい物質というように，味とにおいは別々の受容機構で感知される。しかし，その情報の伝達経路は解剖学的に脳内で交わっているので，味とにおいの情報は互いに影響し，切っても切れない関係にある。このように，においの情報はおいしさにおいても特に重要な要素であると考えられる。多様で豊かな食文化は，においの多様性そのものを反映しているのではないだろうか。

5.2 においの感知機構

前節では，においが果たす役割をいくつかの例で示した。では，においは，一体どのように伝わるのだろうか。私たちは日常なにげなく嗅いでいるにおいの情報を鼻の嗅細胞で感知し，脳へと伝えることで，初めてにおいとして感じている。この感知機構について詳しくみていこう。

1. 嗅細胞と伝達経路
A. 鼻まで到達する経路

においの感知は，におい分子が鼻腔のいちばん奥の上部にある嗅上皮と呼ばれる部位に到達し，そこに存在している嗅細胞を活性化することではじまる（図5.6）。

におい物質が嗅上皮に至る経路として，空気中を飛んでいるにおい物質が呼吸とともに鼻先から吸い込まれる経路（オルソネーザル経路）と，飲食物を口に含んで飲み込む，あるいは咀嚼しているときに喉越しから吐く息とともに鼻腔内に入り込む経路（レトロネーザル経路）

がある（図5.6，図5.7）。

例えば，コーヒーを鼻の前にもってきてにおいを嗅ぐと，コーヒーから飛び出したにおい物質は空気とともに鼻孔を通って鼻の中に吸い込まれ，嗅上皮のある鼻腔に到達する。

B. におい物質は嗅細胞で感知され嗅球から脳へ

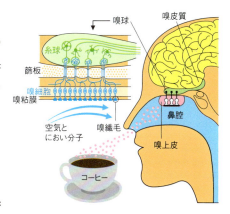

図5.6　オルソネーザル経路
鼻に嗅ぎ込まれたにおい分子の情報が脳へと伝わる。

鼻腔に入ったにおい物質は嗅上皮を覆っている嗅粘膜の中に入り込むが，ここに嗅細胞がある(図5.6)。ヒトの嗅細胞は400種の異なる細胞が数百万個もぎっしりと並んでいる。嗅細胞には繊毛があり，先端ににおい物質を受け入れる受容体と呼ばれるタンパク質のポケットがある（図5.8）。ただし，1つの嗅

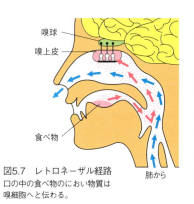

図5.7　レトロネーザル経路
口の中の食べ物のにおい物質は嗅細胞へと伝わる。

細胞は1種類の受容体しかもたない。におい物質が受容体に入ると，一連のにおうという感知がはじまる。

図5.9に示すように，受容体がにおい物質を受け取ると，嗅細胞はにおい物質の化学的性質を次のように伝達する。におい分子受容体⇒GTP結合タンパク質の活性化⇒アデニル酸シクラーゼの活性化⇒ATPからcAMPの生成⇒cAMPが陽イオンチャンネルに結合してチャンネルが開いて陽イオンが嗅細胞の外から内へ流れ込む⇒電位発生，となる。

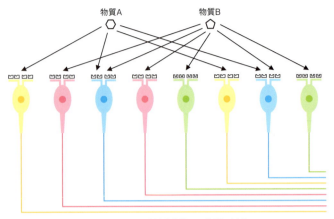

図5.8 におい分子受容体への物質の結合

におい物質が受容体に結合することで活動電位という電気信号に変換され，脳内にある嗅球の組織にある糸球に伝える。嗅球には糸球が集まっていて，1つの糸球には複数の嗅細胞の同一受容体からの信号が入ってくる。

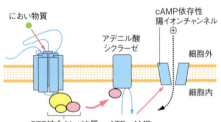

図5.9 嗅細胞での信号変換の分子機構
ATP：アデノシン三リン酸
cAMP：環状アデノシン一リン酸

こうして受容したという信号は嗅球の糸球に集められる（図5.10）。

あるにおい物質は，たったひとつの受容体に結合するのではなく，いくつかの受容体に結合する。また，ある受容体には，たったひとつの物質が結合するのではなく，複数の類似した物質が結合する。

例えば，有機酸であるヘキサン酸は複数の受容体に結合する。炭素数の異なるヘキサン酸と同質の有機酸である酢酸はヘキサン酸を受容した同一の受容体を含む複数の受容体に結合する。すると受容体群の結合の組み合わせに差が生じる。一方，この受容したという信号が脳

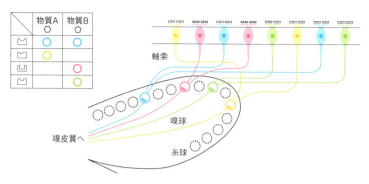

図5.10 嗅細胞から嗅球の糸球へ伝わる電気信号

に送られ,においを感じたということになり,その糸球の組み合わせによってにおい物質の違いを感じることになる。複数のにおい物質が混ざった食べ物のにおいや花の香りでも,複数の物質ごとの受容体結合が異なることで組み合わせが形成され,多くのにお

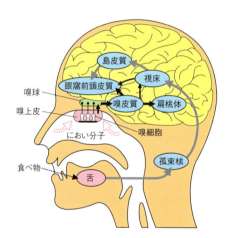

図5.11 におい情報の認識と食べ物の評価

いが認識されることになる。この組み合わせパターンは脳の嗅皮質へ伝わり,扁桃体,視床下部,眼窩前頭皮質などに伝わり,記憶とすり合わせて,「快」「不快」「おいしい」などが判断される。こうした脳の働きにより,においの質が識別される(図5.11)。

2. におい間の相互作用

においの感知機構がにおい分子受容体によるものであることがわかり、においに関するいろいろな現象が説明できるようになった。例えば、さまざまなにおい物質を混合物として嗅いだときの感覚が、それぞれのにおい物質を単独で嗅いだときの感覚を単に足し合わせたものとは異なる場合も出てくる。におい間の相互作用という現象である。

オイゲノール

メチルイソオイゲノール

この現象は、におい分子受容体や嗅細胞のレベルでも、嗅皮質やより高次の嗅覚野のレベルでも起こりうる。一例として、クローブのようなにおいがするオイゲノールは、構造的に類似しているメチルイソオイゲノールと等量混合したときに、におい分子受容体のポケットに入りにくくなる（阻害）。におい分子どうしの阻害によってできた異なったにおい分子受容体の組み合わせが脳に伝わると、混合したにおいは、いずれのにおいとも異なる別のにおいとして感じられることがある。これは私たちがよく経験する「においが混ざると新しいにおいを生じる」という現象のメカニズムとなっている。また、オイゲノールの受容体からの信号は、嗅球において、肉や魚の臭みとなるアミンの受容体からの電気信号を抑制するという現象があることがわかっている。このように感覚的・経験的には知られていた現象が、実際ににおい情報を処理する神経経路内で生じていることが解明されたことにより、今後、あるにおいで他のにおいを矯正するような、においどうしのマスキング効果へと利用することも可能となるだろう。

最新のバイオサイエンスは、化学物質であるにおいの受容体についての研究を急進させ、感知機構が次第に解明されてきた。しかし、「おいしさ」や「快さ」は、味とにおいの相互作用が脳内現象であること、情動や意欲も絡んでくることから、解析が難しいのが現状である。

3. においと他感覚の相互作用

　私たちが対象を認識する際には、さまざまな感覚が相互作用していると考えられており、こうした現象はクロスモーダル効果として知られている。例えば、視覚と聴覚の相互作用である「ブーバ・キキ効果」は、丸い曲線からなる図形と、ギザギザの直線からなる図形の2つを被験者に見せ、「どちらか一方の名がブーバで、他方の名がキキである。どちらがどの名だと思うか」を聞くと、大多数の人は「曲線図形がブーバで、直線図形がキキ」と答えるというものである（図5.12）。嗅覚についても相互作用の事例は知られており、もっとも身近な例として挙げられるのは、バニラやキャラメルのような甘いにおいがついた飲料は、甘いにおいのない同じ甘さの飲料よりもより甘く感じるという、嗅覚と味覚のクロスモーダル効果の体験ではないだろうか。さらに、嗅覚と他の感覚の相互作用についてもさまざまな研究が行われている。例えば、においを嗅いでイメージの合う色を選択する実験を行うと、嗜好性の低いにおいは暗い色が選ばれる傾向があることがわかっている。においの嗜好性が選ばれる色に影響を与えていることから、嗅覚と視覚には相互作用が働いていると考えられる。

図5.12　視覚と聴覚の相互作用（ブーバ・キキ効果）

受容体の発見から数多くの受容体遺伝子がクローニングされ，多種の受容体を生きた細胞に発現させてその応答を網羅的に測定できる技術が確立された。受容体に応答するにおい分子に関する知見が増えてきており，こうした知見をもとにした消臭技術も活用されてきている。一方で，受容体で受容されたにおいの情報が脳でどのように処理されているのかや，味や食感などの他の感覚とどのように統合されて「おいしさ」や「心地よさ」を生み出しているのかについては，部分的な研究が行われてはいるものの，全容が明らかになっているわけではない。私たちがにおいによって「おいしさ」を脳内で思うままに再現できるような未来の実現については，今後の脳科学の発展に期待するところである。

第6章
安心と安全のために

　香料の消費は文化のバロメーターともいわれている。それほど私たちの日常生活において，におい＝香料が身近な存在となっている。香料メーカーは，顧客が安心して利用できる安全で一定の品質の香料を供給するために，法規の遵守，品質の管理，安全確保に業界をあげて取り組んでいる。本章では，それらの取り組みについてみていこう。

　なお，本章では法規上の文言として，フレーバーを「食品香料」，フレグランスを「香粧品香料」と記述している。

6.1 食品香料関連の法規

　食品香料の原料は，表6.1のように大きく2つに大別される。

表6.1　食品香料原料の種類

名称（邦文）	名称（英文）	内容
単一香料化合物	Chemically defined flavoring substances	化学的に定義された物質
天然香料複合物（天然香料）	Natural flavoring complexes	動植物を基原とする物質から物理的，酵素・微生物処理で得られる複合物

　各国・地域により，原料として使用が認められているものは，香料化合物，天然香料ともに微妙に異なっている（図6.1）。そのため，香料製品のみならず，香料が使用されている加工食品についても，輸入・輸出の際には，香料を製剤化するときに用いられる溶剤や賦形剤，乳化剤などの副剤も含めて，食品香料の法規適合性を確認する必要がある。

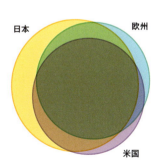

図6.1　世界で使用されている香料化合物の整合度

1. 各国の食品香料規制

日本の食品香料は食品添加物に分類される。この食品香料の原料として使用できるものは、食品衛生法施行規則別表第1に掲載されている指定添加物の中の個別の香料化合物と、18の類に属する香料化合物、および天然香料基原物質（平成27年3月30日 消食表第139号 消費者庁次長通知 別添2-2）から得られる天然香料である。

日本における食品香料の定義は「食品の製造又は加工の過程で、香気を付与又は増強するために添加される添加物及びその製剤」（前出 消費者庁次長通知 別添 添加物1-4 各一括名の定義及びその添加物の範囲）とされている。これに対し、欧米等諸外国でいわれるフレーバリングは香気以外に呈味成分を含めており、定義が異なるため注意が必要である。なお、食品衛生法施行規則にある指定添加物のうち、個別に指定されている香料化合物は成分規格が定められている。

米国で使用できる食品香料には、天然香料、香料化合物ともに直接食品添加物としての認可品と、専門家により一般に安全と見なされたGRAS（Generally Recognized as Safe）物質がある。

GRASの概念は米国特有のもので、特にFEMA（Flavor and Extract Manufacturers Association：米国食品香料製造者協会）により組織され、業界とは利害関係のない科学者で構成された専門家パネルが評価したFEMA GRAS物質が有名である。これまでに香料製品に安全に使用できるものとして、天然香料、香料化合物および副剤を含め、3,000品目以上が公表されている（2024年5月現在）。FEMA GRAS物質はその科学的評価の信頼性の高さから、世界各国で香料の法規制に取り入れられている。

欧州では食品香料は食品添加物とは異なる規制を受けている。食品香料規制は、2009年に従来の枠組み指令（Council Directive88/388 ECC）から、食品改良物質一括法令（Food Improvement Agents Package；FIAP）のひとつである新フレーバー規則（Regulation (EC) No 1334/2008）に変更された。新規則では、使用可能なフレーバーは「ポジティブリスト」（表6.2）に定められ、天然中にある

フレーバー成分と同一の化合物を意味する「ネイチャーアイデンティカル物質（NI）」という分類は廃止された。また，新規香料物質は評価・登録が必要とされ，使用量調査の義務づけや「天然」表示が厳格化された。新規則の中では，それぞれの物質の定義と安全性の確認がされた物質が定められている。

　以上のように，各国において安全性を配慮し，厳正に香料の使用が規制されている。しかし，法規制が異なっている状況下において，加工食品が頻繁に輸出入される現代では，食品香料の規制の整合化が望まれている。

2. 規制方式

　食品香料の規制方式には主に3つの方式がある（表6.2）。

表6.2　食品香料の規制方式と内容

方式名	内容
ポジティブリスト方式	使用が許可されたものを特定する
ネガティブリスト方式	使用を禁止するもののみを特定する
ミックス方式	認可するもの・禁止するものを組み合わせたもの

　多くの国・地域は，何らかの安全性評価結果に基づいたポジティブリストによる規制方式を採用している。なかには，自国のリストを持たず，他の地域や機関などのリストを参照している国や，収載する基準が多少異なる国もある。

　また，法規以外にも，Halal（イスラム教）やKosher（ユダヤ教）といった宗教上の適合を求められる場合もある。

3. 法規制の国際整合性（コーデックス委員会とIOFIの取り組み）

　加工食品の国際的な流通の増大やWTO（世界貿易機関）による貿易円滑化の促進が求められているなかで，食品香料に関する法規制は，いまだに各国・地域で異なっているため，国際整合化が求められている。

2008年にコーデックス委員会（消費者の健康の保護，食品の公正な貿易確保を目的とする国際的な政府間機関）で，「香料使用に関するガイドライン CAC/GL66-2008」が採択され，国際的整合化に向けた今後の動きが促進されることが期待される。このガイドラインの設定にはIOFI（International Organization of the Flavor Industry：国際食品香料工業協会（1969年設立））が草案から深くかかわってきた。

IFRA と IOFI 事務局入居のビル
（ベルギー・ブリュセル）

また IOFI は，安全性が評価された香料原料を国際的に共通に使用できる「グローバル参照リスト」として公開し，各国・地域に採用を呼びかけており，すでに一部の国で採用されている。

6.2 食品香料の安全性評価

法規制とともに，安心と安全のためには，法の基準となる安全性の確保が必要である。安全性評価はどのようになっているのだろうか。食品香料の安全性評価は，国際的に JECFA（FAO/WHO 合同食品添加物専門家会議）で採用されている安全性評価手順が広く認められている。

1. JECFA の安全性評価

JECFA における食品香料化合物の評価は，食品香料の特徴をよく認識したうえで個々の物質の安全性試験データに基づくのではなく，対象物質の化学構造，推定摂取量，構造類似の関連物質を含めた代謝・毒性データをもとに化学構造グループごとに評価する方法が採られている。

JECFA が採用している安全性評価手順は，(1)化学構造によるグループ化，(2)構造分類によるクラス分け（クラスⅠ〜Ⅲ），(3)図6.2の評価手順に従って判断するというもので，「香料としての現在の使用レベルで安全性の懸念なし」あるいは「さらなるデータが必要」のいずれかの結果がでるようになっている。JECFA では1996年以来，これまでに2,000品目以上の香料化合物が「安全性の懸念なし」と評価している。

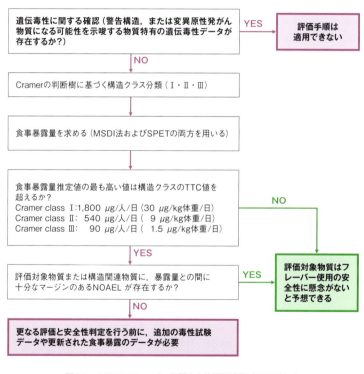

図6.2　JECFAフレーバー物質安全性評価手順（2016年〜）

2. 日本

　日本では，食品香料は他の食品添加物と同様に位置づけられているため，他の添加物と同様の安全性評価を受けることとされている。国際的に安全性が確認され広く使用されている香料化合物のうちで，日本では18類に属さないため使用できないものを対象とした行政指定の作業において，2016年5月のFAO/WHO合同食品添加物専門家会議（JECFA）および欧州食品安全機関（EFSA）における香料の安全性評価の考え方を参考に，食品安全委員会で「香料に関する食品健康影響評価指針」（2021年9月改正）（図6.3-1,図6.3-2）がとりまとめられた。この指針においては，グループ評価の考え方を取り入れ，遺伝毒性評価，一般毒性評価を判断樹に従って実施する。

〈遺伝毒性の評価の流れ〉

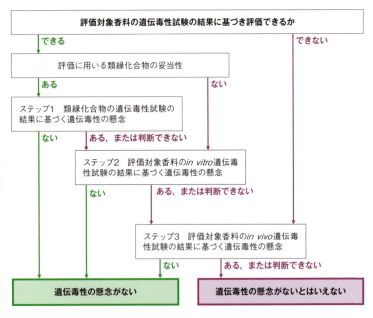

図6.3-1　香料に関する食品健康影響評価指針（遺伝毒性の評価の流れ）

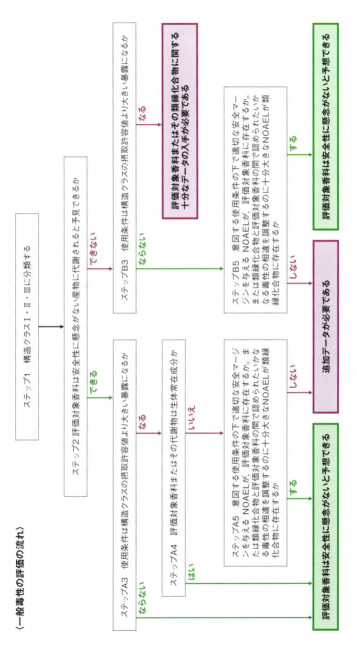

図6.3-2 香料に関する食品健康影響評価指針(一般毒性の評価の流れ)

第6章 安心と安全のために

3. 米国 ―FEMA 専門家パネルによる GRAS 評価―

米国では，1956年に前出の GRAS 制度が採用され，FEMA が専門家パネルのFEXPAN (FEMA Expert Panel) を組織し，1960年から香料の科学的安全性評価を開始している。1965年以降，評価結果はフードテクノロジー (Food Technology) 誌に発表さ

表6.3 GRAS 評価基準の検討要素

① 推定摂取量
② 摂取量とTTC（毒性学的懸念の閾値）の関係
③ 食品中に天然に存在するか否か
④ 化学構造と生物学的に重要な高分子との相互作用
⑤ 代謝と体内動態
⑥ 毒性
⑦ 遺伝毒性

れ，FEMA GRAS 物質は，米国で香料として加工食品に使用できるものとされている。

FEXPAN が実施している GRAS 評価は，JECFA 評価手順のようなまとめられた手順は公表されていないが，評価に用いられる要素についていくつかの解説が発表されており，JECFA 評価手順と照らし合わせるとその内容が把握できる（表6.3）。

4. 欧州 ―EFSA による評価方法―

欧州では，香料化合物のポジティブリスト（ユニオンリスト）を作成するために長年にわたって評価が行われてきた。EFSA（欧州食品安全機関）の設立（2002年）以前に行われた評価結果は，原則的に受け入れ，それ以降欧州で流通している香料化合物に対してはEFSAで独自に評価が行われている。

EFSA の評価方法は，原則的に JECFA と同様のグループ評価方式であるが，細部については他の機関と比べてかなり慎重な評価姿勢をとっている。新フレーバー規則実施後，新規に市場に出す香料物質はあらかじめ安全性評価を受けたうえで，登録が義務づけられているが，EFSA ではリスク評価に必要なデータのガイドラインを定め，評価方法を示している。

以上のように，食品香料の安全性評価は各国・地域で異なる部分もあるが，厳正に進められている。

6.3 香粧品香料関連の法規と安全性

香水や化粧品，医薬部外品などに使用される香粧品香料は，日本では薬機法の対象であるが，主に加工食品に使用される食品香料のように行政による規制は行われていない。しかし，急性毒性，皮膚一次刺激性，連続皮膚刺激性，感作性，光毒性，光感作性，眼刺激性，変異原性，ヒトパッチテストなどのテストや，取り扱う化学物質に関係する環境，健康への影響を防止するための規制（化審法），作業者の安全確保のための規制（労働安全衛生法）などを遵守することが求めら

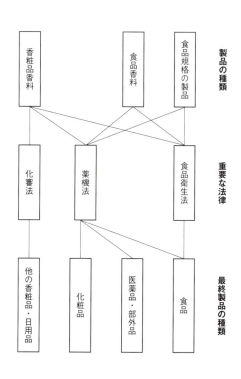

図6.4　香料関連製品と法規の関係（日本）

れている。

　化粧品会社や香料会社は，香料の安全使用の実施や消費者事故を防止することは最も重要なことであると考えており，業界独自の取り組みを行っている。科学的なリスク評価を担うRIFM (Research Institute for Fragrance Materials：香粧品香料原料安全性研究所) と，香料業界が守るべき基準を発行しリスク管理を担うIFRA (The International Fragrance Association：国際香粧品香料協会) の活動が香粧品香料の安全性を確実なものとしている。

　世界的に化学物質の規制は強化される傾向が顕著なため，各国・地域に応じた最新情報を迅速に把握し，的確に対応する必要がある。

6.4 安全性確保への取り組み

　グローバルな視点で迅速に対応することが求められているものづくりの現場では，安全で安心して使用できる製品を市場に供給するために日々努力を重ねている。香料業界でもそれは同じである。

　香料業界では，日本香料工業会（1970年設立）が中心となり，政府との折衝や国際団体とのコミュニケーション，頻繁に更新される法規情報や国際基準の最新情報の収集などを行い，会員各企業へ周知徹底を図っている。さらに，各社ごとに，宗教上の制約（HalalやKosherなど）への対応や，国際的な認証機関による品質管理，品質保証，安全衛生管理などの認証を取得し，安心して使用できる安全な香料を製造・販売するために積極的に取り組んでいる。香料の製造においては，取り扱う化学物質のリスクアセスメントを実施し，それに応じた適切なばく露防止措置を実施することで作業者の安全を確保している。

　香料が商品に使用される量はごくわずかであるが，加工食品や化粧品，日用品を介して体内に摂取されたり，身体につけたりする。そのため各香料会社でも，安全で安心して使える香料製品を提供するために，それぞれの体制を構築している。例えば，原料の安全確認，製造工程の管理，品質の確保や向上，トレーサビリティーの確立，環境保

全などであるが，それぞれに工夫をこらし，常に品質の維持向上を図っている。

　そして，何より求められるのは，企業のコンプライアンスと，働く社員の誠意である。人々の生活をより豊かで快適にし，安心しておいしい食事ができるように，関係者が密接なコミュニケーションをとり，世界でたったひとつの「香料」をつくり上げているのである。

第6章　安心と安全のために

図版・写真出典一覧 (敬称略，五十音順)

1章
- ツタンカーメンに香油を塗るアンケセナーメン (p.12)：エジプト考古学博物館
- マルメロ (p.13)：©Nuancelly- stock.foto
- サフラン (p.13)：©viperagp- stock.foto
- ジャコウジカ (p.14)：株式会社香料産業新聞社
- 蘭奢待 (p.15)：宮内庁正倉院事務所
- チュベローズ (p.18)：須藤 浩 [星薬科大学]
- カカオ (p.23)：吉野慶一 [Dari K]
- バニラの花 (p.23)：Vanilla House
- 第1回 ロンドン万国博覧会 (p.24)：国立国会図書館デジタル化資料；松村昌家，水晶宮物語，リブロポート (1986)

3章
- オレンジフラワー (p.49)：須藤 浩 [星薬科大学]
- ブドウ (p.67)：©Pavlessimages - stock.foto
- 収穫直前のバニラビーンズ (p.72)：Vanilla House
- 乳製品 (p.80)：©photocrew - stock.foto
- 肉料理 (p.88)：©Tsuboya - stock.foto
- 魚介類 (p.90)：© kreativfabrik1 - Fotolia.com
- 冷凍食品 (p.119)：© OrangeBook - PIXTA
- 歯磨き剤・マウスウォッシュ (p.121)：©Anton Prado PHOTO- stock.foto
- フレグランスクリエーション (p.123)：©Yana Tatevosian / 500px - gettyimages
- 女性用香水 (p.130)：エスティ ローダー株式会社，コティ・プレステージ・ジャパン株式会社，日本ロレアル株式会社，ブルーベル・ジャパン株式会社，株式会社柳屋本店
- 男性用香水 (p.132)：エスティ ローダー株式会社，コティ・プレステージ・ジャパン株式会社，パルファン・クリスチャン・ディオール・ジャポン株式会社
- ヘアケア製品 (p.136)：花王株式会社，クラシエ株式会社，株式会社ダリヤ，株式会社ファイントゥデイ，株式会社マンダム，ユニリーバ・ジャパン・カスタマーマーケティング株式会社
- ボディケア製品 (p.137)：花王株式会社，牛乳石鹸共進社株式会社，クラシエ株式会社，株式会社ファイントゥデイ，株式会社マンダム，ユニリーバ・ジャパン・カスタマーマーケティング株式会社，ライオン株式会社
- ファブリックケア製品 (p.137)：花王株式会社，ライオン株式会社
- 芳香剤製品 (p.138)：エステー株式会社，小林製薬株式会社，ジョンソン株式会社
- 入浴剤製品 (p.139)：花王株式会社，株式会社クナイプジャパン，クラシエ株式会社，株式会社バスクリン

4章

- ランビキ蒸留器（p.167）：谷田貝光克編，香りの百科事典，p.561，図3，丸善（2005）
- SCCの構造概略（p.168）：宮崎幹ミヒャエル，AROMA RESEARCH，**8**，図3，13（2007）
- 細菌（p.189）：東京農業大学菌株保存室
- 酵母（p.189）：中里厚実［元 東京農業大学］
- カビ（p.189）：高橋康次郎［元 東京農業大学］

5章

- ミカンコミバエ（p.204）：農林水産省　横浜植物防疫所

参考文献

- 渡辺洋三, 香りの小百科, 工業調査会（1996）
- 荒井綜一ほか編, 最新 香料の事典, 朝倉書店（2000）
- 谷田貝光克編, 香りの百科事典, 丸善（2005）
- 日本化学会編, 味とにおいの化学, 学会出版センター（1976）
- 黒澤路可編, 香りの事典 改訂版, フレグランスジャーナル社（1993）
- C. Jäkel and R. Paciello, *Asymmetric Catalysis on Industrial Scale 2nd* (H. U. Blaser and H. J. Federsel, eds.), pp.187-204, Willy-VCH（2010）
- 岩政正男, 柑橘の品種, 静岡県柑橘農業共同連合組合（1976）
- 日本香料協会編, ［食べ物］香りの百科事典, 朝倉書店（2006）
- TNO Nutrition and Food Researchホームページ https://www.vcf-online.nl/
- 農林水産省ホームページ https://www.maff.go.jp/
- 伊藤三郎, 果実の科学, 朝倉書店（1991）
- 日本チョコレート・ココア協会ホームページ http://www.chocolate-cocoa.com/
- 蜂谷巌, チョコレートの科学, 講談社（1992）
- 日本はっか工業組合, 日本の薄荷：その育種と栽培（1950-1990）, 日本はっか工業組合（1996）
- B. M. Lawrence, *Perfumer & Flavorist*, **34**, 38-44（2009）
- 武政三男, スパイスのサイエンス, 文園社（1990）
- Y. Kurobayashi, Y. Morimitsu and K. Kubota, *J. Agric. Food. Chem.*, **56**, 512-516（2008）
- R. Kerscher and W. Gyosch, *Frontiers of flavour science* (P. Schieberle and K.-H. Engel, eds.), pp.17-20, Deutsche Forschungsanstalt für Lebensmittelchemie（2000）
- 池田静徳, 魚介類の微量成分－その生化学と食品科学, 恒星社厚生閣（1981）
- 小泉千秋, 水産物のにおい, 恒星社厚生閣（1989）
- 小林彰夫・村田忠彦, 菓子の事典, 朝倉書店（2000）
- 清水純夫・角田一・牧野正義, 食品と香り, 光琳（2004）
- 中谷延二監修, スパイス・ハーブの機能と最新応用技術, シーエムシー出版（2011）
- 日本即席食品工業協会監修, 日本が生んだ世界食 インスタントラーメンのすべて, 日本食糧新聞社（2004）
- 一般社団法人日本冷凍食品協会ホームページ https://www.reishokukyo.or.jp/
- 一般社団法人全国すり身協会ホームページ https://www.surimi.org/
- 新井健一・山本常治, 冷凍すり身, 日本食品経済社（1986）
- W. Engel, W. Bahr and P. Schieberle, *Eur. Food Res. Technol.*, **209**, 237-241（1999）
- F. Ullrich and W. Grosch, *Z. Lebensm-Unters. Forsch.*, **184**, 277-282（1987）

- P. Schieberle and W. Grosch, *J. Agric. Food Chem.*, **35**, 252-257（1987）
- 印藤元一，合成香料－化学と商品知識，化学工業日報社（1996）
- N. Miyazawa *et al.*, *J. Agric. Food Chem.*, **57**, 1990-1996（2009）
- 宮崎幹ミヒャエル，AROMA RESEARCH，**8**，12-16（2007）
- 小林猛・安芸忠徳編，超臨界流体の最新利用技術，テクノシステム（1986）
- 日本食品工学会編，食品工学ハンドブック，朝倉書店（2006）
- J. Maillard, *Acad. Sci.*, **154**, 66-68（1912）
- 並木満夫，化学と生物，**49**，725（2011）
- 岩井美枝子，リパーゼーその基礎と応用，幸書房（1991）
- 上野川修一，乳の科学，朝倉書店（1996）
- 井上重治，微生物と香り，フレグランスジャーナル社（2002）
- 最新ソフトドリンクス編集委員会編，最新ソフトドリンクス，光琳（2003）
- T. Matsumoto *et al.*, *J. Agric. Food Chem.*, **60**, 805-811（2012）
- L. Buck and R. Axel, *Cell*, **65**, 175-187（1991）
- 森憲作，脳のなかの匂い地図，PHP研究所（2010）
- L. A. Woods and J. Doull, *Regul. Toxico. Pharmaco.*, **14**, 48-58（1991）
- R. L. Smith *et al.*, *Food Chem. Toxico.*, **43**, 1141-1177（2005）
- EFSA Journal 2010；**8**(6)：1623（2010）
  https://www.efsa.europa.eu/en/fsajournal/pub/1623.htm
- RIFM（Research Institute for Fragrance Materials）ホームページ
  https://www.rifm.org/
- IFRA（The International Fragrance Association）ホームページ
  https://www.ifraorg.org/

- 日本香料協会，香料［季刊］
- 日本香料工業会，香料の初歩知識，日本香料工業会（2009）
- 香料産業新聞社，香り倶楽部［隔年刊：西暦偶数年］
- 香料産業新聞社，香料名鑑［隔年刊：西暦奇数年］

参考文献

付録

用語解説

章	節	掲載頁	用語	意味
1	2	22	マスキング	穀物、動物、魚などは好まれないにおいをもつことがある。このにおいをフレーバーを添加することによって抑え込む、あるいはフレーバーの一部として取り込むことによって好ましいにおいに変化させること。
2	1	29	体性感覚	触覚、圧覚、痛覚、温感覚である皮膚感覚と、身体の内部での関節覚、振動覚、位置覚などの深部感覚をまとめた感覚。
	2	31	官能基	有機化学物質の性質を決める特別な原子の集まりのこと。アルコール基、カルボニル基などがある。
		32	芳香族化合物	ベンゼンを代表とする環状の不飽和化合物で、置換基をもつ多様な化合物がある。生体成分では、フェニルアラニン、トリプトファンなどがある。
		32	ヘテロ環	環状有機化合物で環の構成に炭素以外の元素を含む構造のこと。
		36	シス (*cis*), トランス (*trans*)	二重結合や環に結合している2つの原子の位置関係を表し、シスは「同じ側」、トランスは「向こう側」を意味する語。一方の原子に対して、もう一方の原子がシスでは二重結合や環の同じ側に、トランスでは異なる側に結合している。
		36	メイラード反応	糖アミノ反応ともいう。アミノ酸とグルコースなど還元糖のカルボニル基とが結合してアミノ糖縮合物を生じ、これが変化して褐色のメラノイジンやにおい物質が生じる。
		40	立体異性体	原子間の結合順序が同じでも、空間的に配置が異なる化合物のこと。
		40	鏡像異性体	右手と左手のように、お互いが鏡に映した関係にあり一致しない一対の化合物のこと。ある化合物の炭素原子の中に4つの異なる置換基が結合しているものがある場合、このような異性体が存在する。鏡像異性体間では物性は同じであるが、においや味のような官能的性質はしばしば異なる。
3	2	47	天然香料基原物質	天然香料を製造するための基となる原料。日本では約600品目が例示されている。
		48	ワシントン条約	絶滅のおそれのある野生動植物の種の国際取引に関する条約。1975年発効。以来、動物由来香料（ムスク、シベット、カストリウム、アンバーグリス）は入手困難となっている。

章	節	掲載頁	用語	意味
3	3	54	日本香料工業会	1970年（昭和45年）設立。香料を営業目的とする企業者で組織されている団体。香料産業の発展に必要な事業を行い，会員の事業に共通の利益を増進して，香料産業の繁栄に寄与すること。香料の有用性，安全性等に関する情報の入手および普及に努めることを目的として活動している（会員数123社　2023年4月現在）。 【主な事業内容】 ・業界の公正な意見をとりまとめ，関係諸機関との折衝。会員企業への伝達。 ・関係資料，情報の収集および作成 ・海外関係機関との連携および協力
		57	不斉還元反応	プロキラルな物質に立体選択的に水素原子を添加してキラルな物質にすること。例えば，プロキラルなケトンをキラルなアルコールにする反応。
	4	72	キュアリング	熟成させること。植物体や肉を一定条件に保持して，細胞に保持されている酵素作用や化学変化を促すことにより，におい，味，形態に変化を起こさせる。バニラビーンズはキュアリングによってバニリンが生成する。
4	1	153	官能評価	ヒトの五感（視覚，聴覚，体性感覚，味覚，嗅覚）を使って対象物を評価すること。香料分野において，におい・味を評価することは最も重要な課題となる。香料の官能評価は，香料そのものを評価することに加え，商品にできるだけ近い形態でのにおい・味の評価が重要になっている。
		157	単品香料（合成香料）	1つの化合物（異性体混合物である場合もある）を高純度で含む香料のこと。単離香料や合成香料がこれに該当する。複数の単品香料や天然香料を調合することで調合香料が創られる。
	2	160	酵素を用いた不斉加水分解反応	酵素は温和な条件で立体選択的な作用をする。もともとキラルではない原子（分子）に，ある反応が進行することによってキラルになる場合に元の原子（分子）をプロキラルという。ラセミ体（一対の鏡像異性体を等量含む混合物）のエステルの片方あるいはプロキラルな原子（分子）を立体選択的に加水分解することによってキラル物質が得られる。 〈ラセミ体エステルの加水分解例〉 〈プロキラルな物質の加水分解例〉

付録　用語解説

233

章	節	掲載頁	用語	意味
5	1	204	フェロモン	ある種の生物が、体外に分泌することによって同一種の特定の行動を促す化学物質のこと。生殖行動を促す性フェロモン、集団行動を促す集合フェロモン、危機回避を促す警報フェロモンなどがある。
6	1	218	ポジティブリスト	使用が認められる物質をリスト化し、リストにない物質を使用禁止とする場合、そのリストをポジティブリストと呼ぶ。最近では世界的に安全性に対する関心が高まり、各国でポジティブリストを採用する傾向にある。
		219	Halal (ハラール)	イスラム教で「許された」という意味（食品に関していえば食べることを許された）。 イスラム教徒は、豚および豚由来製品、イスラム法に従わない方法で屠殺された動物、酔わせるもの（麻薬やお酒、エタノール含む）は食べることを禁じられている。豚は不浄なものとされ、豚からつくられるラードやゼラチンも禁止されている。
		219	Kosher (コーシャ)	ユダヤ教の食事規定（カシュルート）に適合した食品。Kosherで食べることを許された動物は割れた蹄をもち、反芻する草食動物（牛、山羊、羊など）で、魚介類は鰭と鱗のある魚は食べることが許されている。ほとんどの魚は食べることができるが、エビ、カニ、イカ、タコ、貝類、鱗のないウナギは食べることができない。肉とミルクを同時に飲食しないなど食べ合わせの制限もある。
		220	コーデックス委員会	国際食品規格委員会（Codex Alimentarius Commission）：FAO/WHO合同食品規格計画（世界共通の食品・食品添加物などの規格設定など）を実施するための政府間機関（1962年設立）。
	3	226	RIFM (リフム)	Research Institute for Fragrance Materialsの略。 科学的なリスク評価を担う香粧品香料原料安全性研究所のこと。
		226	IFRA (イフラ)	The International Fragrance Associationの略。 香料業界が守るべき基準を発行しリスク管理を担っている国際香粧品香料協会のこと。

年表　―においの文化・科学史―

この年表は，においや香料にかかわりのある出来事，人物を中心に取り上げています。年代や人名について諸説あるものは，一般的な説および呼称で記載しています。【　】は18世紀以降の香料業界に影響を与えた人物です。

世紀・年	国・地域（時代）	においのあゆみ
B.C.（紀元前）3000年～	メソポタミア地方	**香料の登場** シュメール人は没薬・乳香を使用し，香油をつくっていた
	エジプト	宗教儀式の際に香りを焚く（焚香）習慣のはじまり ・キフィ（現在の調合香料のようなもの）をつくっていた ・防腐・防臭効果があるとして，ミイラづくりに没薬や肉桂が使用された
	インド	宗教儀式での香料原料となる植物の使用
B.C.1700年～	エジプト	ハトシェプスト女王が近隣諸国に乳香や没薬，肉桂など香料原料の採取を目的として遠征隊を派遣したとされる **上流階級で香料使用が流行** 香を焚いたり，香料を入れた水で沐浴，香膏（香りのある軟膏）を塗布，アラバスター製の香油壺の使用
B.C.500年～	インド	死者を葬る儀式などで白檀や沈香，スパイスを焚いたとされる　　　　　　　　　　（バラモン教聖典『ヴェーダ』）
	ギリシャ	・テオスプラトス（植物学・生薬学の父）がさまざまな精油の特性やハーブの利用法についての書を残す ・香料・香辛料が食生活にも使用されるようになる
	マケドニア	**アレクサンドロス大王の東征** ギリシャとオリエント間の交易が発展
	エジプト	クレオパトラ7世の治世に香料文化の最盛期を迎える
1～4世紀	中国（漢～三国）	**『神農本草経』の原型成立** 中国最古の薬物書といわれる漢方の古典。神農は中国古代伝説上の帝王で，百草をなめて医薬を区別したという伝説に基づく。現在『神農本草経』と呼ばれるものは500年頃に陶弘景が増補・編纂したもの
	ローマ	**貴族階級で香料の使用が流行** ・香膏，香油を固形・粉末香料にして使用。 ・スシノン（ユリ，ショウブ，肉桂，サフラン，没薬，ハチミツを混ぜた固形香膏）の流行

付録　年表　―においの文化・科学史―

235

世紀・年	国・地域（時代）	においのあゆみ
1〜4世紀	ローマ	**香料や植物に関した書物が著された** ・プリニウスは『博物誌』に香料や薬の製法を記述した ・ディオスコリデスは『薬物誌』で600もの植物を取り上げ、薬草の知識や使用方法を紹介した。同書は薬草に関する書物としては歴史上最も影響を与えたものとされる
5世紀	中国(南北朝)	麝香や沈香が線香や薫香の原料として用いられる
6世紀　538年	日本（飛鳥時代）	**仏教伝来** 線香や薫香が伝わる（麝香・沈香など）※552年説あり
		淡路島に沈香木が漂着、朝廷に献上される （『日本書紀』より）
		「蘭奢待」の献納 （伝来年不明。のちに正倉院に納められる）
8世紀	日本（奈良時代）	鑑真が渡来し、「薫物（たきもの）」を日本に伝える
	中国(唐)	楊貴妃は竜脳（ボルネオ樟脳）を匂い袋に入れて持ち歩いていたといわれる
10世紀	日本（平安時代）	**『本草和名（ほんぞうわみょう）』成立** 日本最古の本草書。本草約1,025種を集録し注記。
		貴族の間で教養の証として薫物調合が広がる （『源氏物語』など）
	ペルシア	**水蒸気蒸留技術の発明** イブン・シーナー：哲学者・医学者 『医学典範』『治癒の書』
11〜14世紀	ヨーロッパ	**十字軍遠征（〜13世紀）** 東西の交易が盛んになり、東方の高度な医学や化学技術がヨーロッパに伝播し、ルネッサンスの下地となる
		エタノールの単離に成功
		保存料やペストなどの疫病の予防薬・治療薬として香料が利用される
		サンタ・マリア・ノヴェッラ修道院（フィレンツェ）で薬草の栽培開始
		マルコ・ポーロが『東方見聞録』で中国やモルッカ諸島のスパイスなどを紹介する
		アルコールを利用した香水（ハンガリー水：ローズマリーの香りをアルコールに溶かしたもの）の登場
		メディチ家（イタリア）は薬剤師を雇い、ハーブの栽培やブレンドの知識を深めさせた

世紀・年	国・地域 （時代）	においのあゆみ
15世紀	日本 （室町時代）	**東山文化の隆盛** 香道が成立（御家流:三条西実隆, 志野流:志野宗信）
1492年	スペイン	**大航海時代の幕開け（〜17世紀）** コロンブスによる新大陸発見 　唐辛子やタバコを現地から持ち帰り, 新大陸にオレンジやレモンを伝える
1498年	ポルトガル	ヴァスコ・ダ・ガマがインド航路発見
16世紀	スペイン	コルテスによるメキシコ征服 　カカオやバニラをヨーロッパにもたらす
	フランス （ヴァロワ朝）	**グラースで香料原料植物の栽培開始** のちにグラースは香料産業のメッカとなる
		アイスクリームやマカロンなどの焼き菓子がイタリアから伝わる
17世紀	日本 （江戸時代）	**薬種問屋街の成立** 現在の大阪・道修町, 東京・日本橋本町など。この地域は今も製薬会社, 薬品会社, 香料会社が多い
		庶民の間にも香道が広まる
18世紀	フランス （ブルボン朝）	**宮廷文化の最盛期** ・香料の使用が流行し, ベルサイユ宮殿は「芳香宮」とも呼ばれ, 多くの花が栽培された ・ポンパドゥール夫人はネロリオイルの香りつき手袋を愛用し, マリー・アントワネットは古代ローマ伝説の「香り風呂」を復活させた ・モルッカ諸島（香料諸島）からスパイス類の苗木を持ち帰り, 自国領へ移植した（クローブ, ナツメグなど）
	イギリス	**産業革命（1760〜1830年）**
	ドイツ	オーデコロンが誕生し,「アクア アドミラビリス（すばらしい水）」がケルンで大ヒット
	ヨーロッパ	**香水メーカー誕生** 1770年ヤードレー（イギリス）が設立。以後20世紀にかけてウビガン, ゲラン, コティ, キャロン（フランス）と様々な香水メーカーが誕生した
		ビターオレンジ, ローズ, バイオレットなど栽培開始
		ハッカ油からメントールを発見【ガンビウス】

付録　年表 —においの文化・科学史—

世紀	年	においのあゆみ
19世紀		**香料会社の設立**
	1808年	薬種問屋 塩野屋吉兵衛商店創業 (現 塩野香料)【塩野吉兵衛】
	1820年	ルール設立 (のちにジボダンと合併)
	1833年	スタッフォードアレン創業 (現 アイ・エフ・エフ)
	1850年	ショーブ創業 (現 ロベルテ)
	1871年	ブルーノコート創業 (現 ヴェ・マンフィス)
	1874年	バニリンの工業生産を目的としてハーマン&ライマー設立 (のちにドラゴコと合併、シムライズとなる)
	1893年	芳香原料商 小川商店創業 (現 小川香料)【小川安兵衛】
	1895年	ジボダン創業 【レオン・ジボダン,クサビエ・ジボダン】 シュー&ネフ創業 (現 フィルメニッヒ) 【フィリップ・シュー,マーチン・ネフ】
	1903年	長谷川藤太郎商店創業 (現 長谷川香料)【長谷川藤太郎】 ハーティーペック創業 (現 センシエント・テクノロジーズ)
	1915年	曽田香料店創業 (現 曽田香料)【曽田政治】
	1920年	高砂香料設立 (現 高砂香料工業)【甲斐荘楠香】
		近代科学の発展 抽出技術や化学的分析技術が進歩し,合成香料が登場する
	1834年	シンナムアルデヒドの単離に成功 【デュマ,ペリゴ】
	1837年	ベンズアルデヒドの単離に成功 【ユストゥス・フォン・リービッヒ[※1],フレデリック・ヴェーラー】 ※1 農芸化学の父 ドイツが有機化学の中心となる礎を築く
	1840年	ボルネオールの単離に成功【ペロウズ】
	1858年	バニラの鞘から結晶物質としてバニリン[※2]が報告される 【ゴブレイ】 ※2 バニラのにおいは以前から研究が行われていた
	1868年	サリチルアルデヒドと氷酢酸からクマリンの合成に成功 【ウィリアム・パーキン】
	1876年	グアイアコールとクロロホルムよりバニリンの合成に成功 【ヨハン・ティーマン,ヴィルヘルム・ハーマン,カール・ライマー】
	1880〜 1890年	有機溶剤を用いたアブソリュート製造法の発明
	1891年	サクラとモモの花および葉よりクマリンを発見 【長井長義】
	1893年	イオノンの合成に成功 (ティーマンら)

世紀・年	国・地域 (時代)	においのあゆみ
19世紀　1851年	イギリス	第1回 万国博覧会 (ロンドン) に合成香料を使用したフルーツフレーバーが出品される
	日本 (明治)	国産の固形けんや歯磨き粉が発売
20世紀	フランス	香水をデザイン化した小瓶 (ルネ・ラリック製作) に詰めて販売するようになる【フランソワ・コティ】

香料の発展と近代化

世紀・年	国・地域	においのあゆみ
1906年	スイス	ムスコン発見 (麝香の成分) 【ハインリッヒ・ワールバーム】
1908年	日本	昆布のうま味本体がグルタミン酸であることを発見 【池田菊苗】
1910年		米糠(こめぬか)からオリザニンの抽出に成功 (のちにビタミンB_1と命名される)【鈴木梅太郎】
1910年	ドイツ	ノーベル化学賞 (テルペン化学の研究により) 【オットー・ヴァラッハ】
1912年	フランス	メイラード反応発見【ルイ・カミーユ・メヤール】
1913年	日本 (大正)	鰹節からイノシン酸をうま味成分として発見 【小玉新太郎】
1916年	ドイツ	味は「甘味・苦味・酸味・塩味の四原味を頂点とする正四面体で表現できる」と提唱 【ハンス・ヘニング (心理学者)】
1919年	フランス	香水「ミツコ」発売 (ゲラン)
1921年		「シャネルN°5」発売【ココ・シャネル】
1925年	ドイツ	においの分類を整理し、9種類に分類 【ヘンドリック・ツワーデマーカー】
1926年	スイス	ムスコンの構造が決定し、1934年に合成に成功 【レオポルド・ルジチカ (ノーベル化学賞受賞者)】
	日本 (昭和)	入浴剤やシャンプー、ポマード、チョコレートなどが発売
1935年		緑茶のにおいの主成分 (青葉アルコール) を発見 【武居三吉】
1936年		松茸のにおいの主成分 (マツタケオール) を発見 【村橋俊介、岩出亥之助】

付録　年表 ―においの文化・科学史―

世紀・年	国・地域（時代）	においのあゆみ
1940年	イギリス	におい物質は嗅細胞内で電気信号に変換され，感知されることを提唱【モンクリーフ】
1941年		ガスクロマトグラフィー法発明（ノーベル化学賞受賞）【アーチャー・マーティン，リチャード・シンジ】
1942年	ドイツ	イソカンフィルシクロヘキサノールの発見【アルベルト・ヴァイセンボルン】
1947年	日本（昭和）	**食品衛生法の施行** 食品用合成香料が食品添加物に指定される
1950年～		天然果汁飲料，粉末ジュース，インスタントラーメンが発売
1952年	イギリス	ガスクロマトグラフの開発
		嗅覚の立体化学構造説を提唱【ジョン・アムーア】
1956年	日本	日本にガスクロマトグラフが輸入され，以後，国内でも製作されるようになる
1960年～		**高度経済成長期** 電気洗濯機が普及し，レトルト食品が登場。日用品，加工品の需要が高まり，香料開発が飛躍的に進歩
1991年		**特定保健用食品制度の導入**
21世紀 2001年	日本（平成）	ノーベル化学賞「キラル触媒による不斉反応の研究」【野依良治】
2004年	アメリカ	ノーベル生理学・医学賞「におい物質受容体と嗅覚システム構造の解明」【リンダ・バック，リチャード・アクセル】
2007年	日本	新規香気成分ユズノン®発見（長谷川香料）
2023年	日本（令和）	長谷川香料　創業120周年

【参考】
香料の初歩知識（日本香料工業会）
食品と香料（東海大学出版会）
香料化学総覧（廣川書店）
広辞苑（岩波書店）
［最新］香料の事典（朝倉書店）
香料（日本香料協会）

香りの総合事典（朝倉書店）
香りの百科事典（丸善）
アイザックアシモフの科学と発見の年表（丸善）
科学年表 ―知の5000年史―（丸善）
化学辞典（森北出版）
科学史技術史事典（弘文堂）

おわりに

　私たちの祖先は，悠久の時の流れに従って自然界に存在する有機化合物のうち，ヒトがにおいを感じる物質を効率的にとり出す方法を編み出してきました。そして，より快適な日常生活のために心地よさやおいしさを求めてにおいを使いこなし，その結果として香料が誕生し，近代においては「香料の消費は文化のバロメーター」ともいわれています。このように，いつもヒトのまわりに存在するにおいですが，ヒトが感じる五感のなかでは最も研究が遅れているともいわれています。そのようななか，香料を科学の視線から解き明かすというテーマで本書の企画をいただき2013年に上梓しました。本書は，それから10年間，増刷を重ねておりましたが，古くなった情報を見直したり，新しい知見を盛り込み，この度改訂版をお届けすることとなりました。

　科学の発展はめまぐるしいものがあり，デジタル化やAI（人工知能）が発明され，さまざまな分野に応用されています。香料業界においてもその取り組みは行われていますが，まだ本書に掲載できるような成果へとつながっているものはあまり見当たりません。本書を読み，香料に興味をもってくれる今後の研究者に期待しています。

　本書の刊行にあたり多くの方たちのご協力を，また，執筆・編集には多くの関係する文献や資料・写真などを参考にさせていただきました。そして本書を出版するにあたり講談社サイエンティフィクの堀恭子氏には大変お世話になりました。心から感謝いたします。

長谷川香料株式会社
香料の科学 第2版　制作実行委員一同

索引

あ行

アーティフィシャル香料	59
アイスクリーム類	110
圧搾	170
アニスシード	52
アネトール	19
アブソリュート	18, 48
アミノ酸	35
アロマグラム	152
アロマプロファイル	156
安全性評価	220
アンバーグリス	48
アンバーノート	128
アンフルラージュ法	47
イカ	91
閾値	43
イチゴ	63
位置特異性	185
IFRA	226
イランイラン	50
衣類用洗剤	137
飲料	105
烏龍茶	78, 79
ウッディ	133
ウッディノート	127
エキストラクト	48, 98
液体スープ	118
エステル	38
エッセンシャルオイル	48
エッセンスオイル	96
オイゲノール	214
オークモス	52
オリエンタル	131, 133
オリス	51
オリバナム	12
オルソネーザル経路	210
オルファクトフォア	42
オレオレジン	48, 172
オレンジ	62
オレンジフラワー	50

か行

回収フレーバー	96
海狸香	48
カカオ	76
化学説	27
かき氷	112
加工食品	119
菓子	112
果実飲料	107
化審法	225
ガスクロマトグラフ	142
ガスクロマトグラム	142
カストリウム	48
鰹節	91
カッシア	14
カニ	91
カニ風味かまぼこ	120
加熱調理フレーバー	177, 183
カプセル化香料	198
カラム	147
ガルバナム	51
柑橘類	61
甘松香	14
官能基	31, 36
官能評価	154
記憶訓練表	124
基材	95
基質特異性	185
機能性飲料	110
キフィ	12

キャベツ	92	コーデックス委員会	220
キャンディ	112	コーヒー	74
キュアリング	72, 184	コーヒー飲料	108
嗅覚の順応	44	コーヒーフレーバー	99
嗅細胞	27, 29, 210	コーヒープレスオイル	100
牛乳	81	五感	29
鏡像異性体	41, 160	こく	104, 186
鏡像体過剰率	160	コショウ	52, 86
魚介類	89	コリアンダー	87
キラル香料	159	コンクリート	47
キラルプール法	160	混成酒	83
		コンディショナー	135
クマリン	19		
グミキャンディ	113	**さ行**	
グラース	16	魚	90
クラウディー	194	酒類	82
GRAS物質	218	殺青	78
グリーンノート	126	サフラン	13
グルコースイソメラーゼ	184		
グレープフルーツ	52, 62	シーズニングオイル	101
グローバル参照リスト	220	シーズニングパウダー	116
クローブ	50, 87	シェーマ	123
クロスモーダル効果	215	JECFA	224
黒茶	78, 80	シス (cis)	36
クロマトグラフィー	141	質量分析器	147
		シトラス	61, 130, 132
検知閾値	43	シトラスノート	125
		シトラスフレーバー	95
光学分割法	160	シトロネラ	53
香膏	12	シナモン	12, 51, 87
香水	129, 132, 134	シプレ	131, 134
合成香料	9, 53	シベット	48
酵素	184	麝香	15, 31, 48
酵素説	27	JAS法	107
紅茶	78, 79	ジャスミン	50
香調	31	シャネルN°5	20, 129
香道	15	香菜	87
香味	55	シャンプー	135
香料	45	住居用洗剤	140
香料化合物	55	柔軟剤	138
Kosher	219, 226	ショウガ	51

錠菓	114	セダノリド	161
醸造酒	82	石けん	136
蒸発法	174	ゼラニウム	51
蒸留酒	83	セロリ	87
蒸留法	144	前駆物質	178
食品衛生法施行規則	218	洗浄剤	139
食品健康影響評価指針	222	選択的嗅覚順応	44
食品香料	217		
食品添加物	218	ソフトキャンディ	113
植物性香料	49		
女性用香水	129	**た行**	
食器用洗剤	139	体性感覚	29
処方箋	95	耐熱性	201
ジョンキル	18	タイム	51
沈香	15	唾液	205
振動説	27	薫物	15
シンナムアルデヒド	19	タブレット	114
		炭酸飲料	106
スイートオレンジ	52	男性用香水	132
水産練り製品	120	単品香料	53, 157
水蒸気蒸留	47, 167	単離香料	55
水素炎イオン化検出器	147		
水溶性香料	105	チーズ	81
スープ	117	チクル	115
スシノン	13	茶類	77
ストレッカー分解	179, 181	チャーニング	81
ストロベリーフレーバー	97	茶系飲料	109
スナック菓子	115	チューインガム	114
スパイス	85	抽出	165
スピニング・コーン・カラム	168	チュベローズ	18
スペアミント	53, 84, 122	調合香料	9, 45
スペシャリティ香料	163	超臨界CO$_2$抽出	48, 170
スポーツドリンク	109	チョコレート	76, 114
制汗剤	137	低アルコール飲料	110
清酒	82	ディスティレートオイル	96
静的ヘッドスペース法	146	デカラクトン	160
セイボリーフレーバー	100	テルペノイド	33
精油	48, 50	テレビン油	56
SAFE法	144	電子衝撃法	148
セダーウッド	51	天然香料	9, 47

天然香料基原物質	47, 218
凍結乾燥法	144
凍結濃縮法	176
同族体	39
動的ヘッドスペース法	145
動物性香料	48
トウモロコシ	93
トップノート	34, 61, 125, 126
トマト	92
トランス（*trans*）	36
トリートメント	135
トロピカルフルーツ	70

な行

ナツメグ	87
におい	29
におい物質	29, 181
におい分子受容体	28, 36, 211
肉類	88
肉桂	12, 14
日本香料工業会	54, 226
乳化	25
乳化香料	105, 194
ニューケミカル	20
乳香	11
乳性飲料	109
乳製品	80
入浴剤	139
認知閾値	43
ネ	124
ネイチャーアイデンティカル物質	219
ネイチャーアイデンティカル香料	59
ネロリ油	130
ネロリオイル	17
濃縮	174
ノート	125
ノンアルコール飲料	107

は行

ハードキャンディ	112
ハートノート	125
パーマ剤	136
配糖体分解酵素	188
パイナップル	71
パクチー	87
バジル	53
ハセクリア®	198
ハセロック®	201
バター	81
パチュリ	14, 51
ハッカ	85
発酵食品	189
発酵茶	78, 79
バニラ	52, 72
バニラフレーバー	98
バニリン	19, 25, 73
パフューマー	9, 123, 129
歯磨き剤	121
バラ	50
Halal	219, 226
バルサムノート	125
ハンガリー水	16
半合成香料	56
ハンドソープ	137
半発酵茶	78, 79
ピールオイル	96
比重調整	26, 196
微生物	188
微生物発酵茶	78, 80
鼻部温度	208
白檀／ビャクダン	14, 51
氷菓	112
ファーマコフォア	42
ファブリックケア製品	137
FIAP	218
普洱茶	80
フェイスケア製品	135

索引

245

FEXPAN	224
フェニルプロパノイド	34
FEMA	218
FEMA GRAS物質	218
フェロモン	204
賦香品	158
賦香率	10
フゼア	132
不斉加水分解反応	160
不斉還元反応	57
不斉合成法	160
ブドウ	52, 67
不発酵茶	78, 79
不飽和脂肪酸	35
フラグメントイオン	148
プリカーサー	178
フルーツ	61
フルーツフレーバー	95, 96
フルーティノート	127
フレーバー	8, 60
フレーバークリエーション	94
フレーバリスト	9
フレーバリング	218
フレグランス	8, 123
フレグランスクリエーション	123
フローラル	130, 132
フローラルノート	127
焚香	11
粉末香料	105, 198
粉末スープ	117
噴霧乾燥法	200
ヘアカラー剤	136
ヘアケア製品	135
ヘアスタイリング剤	136
ベースノート	34, 125, 127
ヘッドスペース法	145
ヘテロ環	32
ペパーミント	53, 84, 122
ペパーミントフレーバー	104
ベルガモット	18, 52

芳香剤	138
芳香族化合物	32
芳香物質	11
ポジティブリスト	219
乾海苔	91
ボディーソープ	137
ボディ感	66
ボディケア製品	136

ま行

マーキング行動	205
マウスウォッシュ	122
膜濃縮法	175
マスキング	22, 187
マスカテルフレーバー	79
マルメロ	13
マンゴー	70
マンダリン	52
ミカンコミバエ	203
ミックスミント	122
ミドルノート	34, 61, 125, 127
ミルラ	12, 51
ミント	83
ミント精油	84
ミントフレーバー	103
ムスク	31, 48
ムスク香料	42
ムスクノート	128
ムスコン	19, 58
メイラード反応	36, 179, 181
メロン	65
メントール	56
没薬	11
モモ	64
モヤシ	93

や行

焼き菓子	114
野菜	92
ユーカリ	51
有機溶剤抽出	170
ユズ	62
ユズノン®	63, 163
油溶性香料	105
溶剤抽出	170

ら行

ラーメンスープ	116
ラストノート	34, 61
ラセミ体	58
ラブダナム	51
ラベンダー	18, 50
蘭奢待	15
ランビキ	22, 167
リキュール	83
立体異性体	40, 161
立体化学構造説	27
立体配置	41
リパーゼ	185
RIFM	226
竜涎香	48
竜脳	15
緑茶	78, 79
リンゴ	52, 68
冷菓	110
冷凍食品	119
霊猫香	48
レジノイド	47
レトロネーザル経路	210
レバノンセダー	11
レモン	52, 62
労働安全衛生法	225
ローズマリー	16, 18, 51
ローレル	87

わ行

ワイン	83
ワシントン条約	48, 58

欧文

AEDA法	151
cis	36
DHS法	145
ee	160
EI	148
FEMA	218
FEMA GRAS物質	218
FEXPAN	224
FID	147
FIPA	218
GCにおいかぎ	150
GRAS物質	218
GTP結合タンパク質	28, 211
Halal	219, 226
IFRA	226
IOFI	220
JAS法	107
JECFA	220
Kosher	219, 226
MS	147
NIRS	205
RIFM	226
SAFE法	144
SCC	168
SHS法	146
SIDA法	153
SPME	146
TCA回路	191
trans	36

著者紹介

長谷川香料株式会社

本　　社：〒103-8431　東京都中央区日本橋本町4-4-14
　　　　　TEL 03-3241-1151
　　　　　https://www.t-hasegawa.co.jp/
代表取締役社長：海野隆雄
創　　業：1903年5月
事業内容：各種香料（香粧品香料，食品香料，合成香料），
　　　　　各種食品添加物および食品の製造ならびに販売と
　　　　　各項目の輸出入に関する業務

NDC 576　　247p　　19cm

香料の科学 第2版

2024年9月24日　　第1刷発行

著　者　　長谷川香料株式会社

発行者　　森田浩章

発行所　　株式会社　講談社
　　　　　〒112-8001　東京都文京区音羽2-12-21
　　　　　　　販　売　03-5395-4415
　　　　　　　業　務　03-5395-3615

KODANSHA

編　集　　株式会社　講談社サイエンティフィク

　　　　　代表　堀越俊一

　　　　　〒162-0825　東京都新宿区神楽坂2-14　ノービィビル
　　　　　　　編　集　03-3235-3701

印刷所　　大日本印刷株式会社

製本所　　株式会社国宝社

落丁本・乱丁本は，購入書店名を明記のうえ，講談社業務宛にお送り下さい．送料小社負担にてお取替えします．なお，この本の内容についてのお問い合わせは講談社サイエンティフィク宛にお願いいたします．定価はカバーに表示してあります．
© T. HASEGAWA CO., LTD., 2024

本書のコピー，スキャン，デジタル化等の無断複製は著作権法上での例外を除き禁じられています．本書を代行業者等の第三者に依頼してスキャンやデジタル化することはたとえ個人や家庭内の利用でも著作権法違反です．

JCOPY〈（社）出版者著作権管理機構　委託出版物〉
複写される場合は，その都度事前に（社）出版者著作権管理機構（電話 03-5244-5088，FAX 03-5244-5089，e-mail : info@jcopy.or.jp）の許諾を得て下さい．
Printed in Japan

ISBN 978-4-06-536648-6